走近越南丛书

河内人旧时饮食杂记

[越] 武世龙　著

费青朵　译

广西科学技术出版社
·南宁·

著作权合同登记号　桂图登字：20-2024-186 号

Hanoian: The Story of Food in the Past

by Vu The Long

ⓒ 2021 by Vu The Long

Originally published in 2021 by Chi Cultural Joint Stock Company (CHIBOOKS), Ho Chi Minh City.

This simply Chinese edition published in 2024 by Guangxi Science & Technology Publishing House Co., Ltd, Nanning

by arrangement with CHIBOOKS.

图书在版编目（CIP）数据

河内人旧时饮食杂记 /（越）武世龙著；费青朵译 .

南宁：广西科学技术出版社，2024. 11. -- ISBN 978-7-5551-2351-4

Ⅰ . TS971.203.33

中国国家版本馆 CIP 数据核字第 2024DM2992 号

HENEIREN JIUSHI YINSHI ZAJI

河内人旧时饮食杂记

［越］武世龙 著　费青朵 译

策　划：梁　志　赖铭洪	封面绘图：［法］让·马可·波特莱	
责任编辑：谢艺文　罗　风	版权编辑：朱杰墨子　何凯俊	
审　读：张　磊　黎巧萍	责任校对：冯　靖	
装帧设计：梁　良	责任印制：韦文印	

出 版 人：岑　刚	出版发行：广西科学技术出版社
社　址：南宁市东葛路 66 号	邮政编码：530023
网　址：http://www.gxkjs.com	编辑部电话：0771-5871673

印　刷：广西民族印刷包装集团有限公司	
地　址：南宁市高新区高新三路 1 号	
开　本：889 mm × 1240 mm　　1/32	
字　数：149 千字	印　张：7
版　次：2024 年 11 月第 1 版	印　次：2024 年 11 月第 1 次印刷
书　号：ISBN 978-7-5551-2351-4	
定　价：39.80 元	

序

武世龙与越南饮食

我记不清我与世龙先生何时成为忘年之交了，但从第一次会面至今已经过去四十年了。那时，黎家荣教授带我游走了几条古街之后，拐入了谢蚬街上的一条小巷，一位从太平医科大学来河内学习人种学的博士研究生就借住于此。他的房间位于一座老宅的地下室，狭小昏暗但很温馨。走下楼梯，进入房间，我看到一位男士，一双精明的眼睛在他那饱经世事的脸上透着一丝不屑。家荣兄赶忙向我介绍，这位是考古与生物学研究者武世龙。坐在世龙先生旁边的是两兄弟——史学家杨中国和在考古院工作的杨中孟。还有些其他人，他们日后也都成为官员或是著名学者。得知我是河静人，从俄罗斯留学归来，对京畿之地的文化不甚了解，于是世龙先生极其详尽地向我介绍了席子上摆放的各式菜肴源自河内何处、在河内哪条街巷中烹制，甚至连那位博士研究生从太平省、清化省乡下带来的几道菜肴，他也能如数家珍。

这次会面，世龙先生给我留下了深刻的印象，此后每次家荣兄邀我参加酒局，只要有世龙先生参加，我都会尽力赴约，不为别的，主要是想听听他讲的那些有趣的故事。我将他视为文化宝库，愿向他请教。可惜那时类似的聚会只偶尔有。世龙先生与其他考古学者一样，经常四处漂泊，有时在郊野废墟中发掘各类化石、古人食用后剩下的动物骨骸以及顺化皇城御厨遗址中宫廷筵宴的食物残留，有时忙于在讲台上为学生讲授文化历史。

一件特殊的事加深了我与世龙先生的缘分。我们共同的一位朋友——解剖学领域权威、胡志明市医药大学解剖学系主任阮光权教授惨遭交通事故不幸逝世。我们万分痛惜，组织了悼念聚会，参加聚会的都是他的亲朋好友。大家聚在河内曾拔虎街1号的一家啤酒馆中。这间酒馆紧邻一棵古楝树，每次阮光权教授来河内都喜欢在这里与朋友们聚会，喝啤酒，吃炒花生、烤鱿鱼、酸肉春卷，这里的菜品远胜那些特色菜馆。我们有近十个人，大家借酒浇愁，哀思逝者的生平，感叹人生的无常。陈国旺教授突然站起来，手持酒杯，面色悲哀，边哭边呼喊道："光权啊，你为什么不喝酒呢，这啤酒这么好，你还要嫌弃吗？"说完，他将手中的酒杯猛地向树根处砸去，酒杯碎裂，酒水泼洒在水泥地上，然后他扭头离开。他身着已经发白的靛青色民族服装，脚步踉跄，边走边用衣袖擦拭夺眶的泪水，这一切都被笼罩在夕阳之下。看到这凄惨悲切的画面，我们再也抑制不住心中的悲伤。

几个人跟了出去安慰陈国旺教授，还有一些人默然离开了，只剩下我与世龙先生仍坐在那里。世龙先生看着陈国旺教授坐上摩托车离开后，跟我说道，陈国旺教授让他一定要了解并记录越南的饮食文化，因为那是越南文化精髓中不可或缺的一部分。我非常赞成这个想法，表示愿意配合完成这项工作，恰巧当时我正在卫生部预防医学司（如今的食品安全局）负责环境卫生与食品安全工作。我们制订了一个长期计划，包括到各地区去考察。

那次之后，我们几乎每周都要见面，一同出行。我经常邀请世龙先生作为专家，为我组织的各类与环境和食品卫生相关的会议、集训、调查、检查提供咨询服务。那时正处于城市环境卫生运动期间，而世龙先生除了研究考古与生物学、负责《考古学杂志》的工作，还研究环境与社会学，常在报纸上发表文章。我与世龙先生有关为农村地区残疾人修建厕所的建议还获得了越南《劳动报》与残疾人协会共同组织的创意大赛 A 类奖。

出差各地时，我们通常同住一个房间，方便交流工作、分享美食及探讨人生。他拍摄的照片、他准备的演讲稿都有着神奇的吸引力。他具有极其敏锐的洞察力，对摆放在餐桌上的各种食物，那些我们习以为常、视而不见的蔬菜、瓜果，以及每一片肉、每一杯酒，甚至竹筷子、木托盘，他都会仔细观察、拍照，记录在自己的本子上。他常随身带一个小本子，每页都是密密麻麻的，挤满了文字。

他特别钟爱那些带有越南人生活印记的自然、乡野之物。他曾对我家乡的一个河边集市表示非常愤懑，他认为，不该用那些缺少灵魂的水泥墙柱代替原来的具有梦幻色彩的木柱子和草房顶。他曾为一道由我母亲烹制的菜肴感到万分惋惜。那时我们经常一同返回我的家乡，母亲用竹签将黑鱼串起来，先在秸秆上烤，再用姜黄叶焖，但自从母亲去世后，我家里再也没有人能制作出那道有纯粹的家乡味道的菜。

有一阵，他的笔记本电脑中了严重的病毒，因此每完成一篇关于饮食的文章，他都要用邮件发给我，让我帮他保存。十多年来，他已经发给我上千封邮件。一些文章我读后觉得无比有趣，就建议他向报社投稿或是拿去参加比赛，事实证明确实如此，他的文章多次获奖。

我总怕哪天我的电脑突然被病毒攻击，导致他的文章丢失。因此，我与他商量，将这些文章结集出版，这样不仅能够更安全地留存它们，也能让更多读者有机会深入了解越南的饮食文化。

我们希望这本书能够为读者带来些许快乐，也可以让后世记住我们先辈曾经的菜式和饮食习俗。将来，越南人的饮食方式一定还会经历无数变迁，无数菜肴和饮食方式会随着时间消失。尊崇并传承越南民族饮食文化传统，是我们所有人的愿望。

阮辉俄　博士

（澳大利亚昆士兰格里菲斯大学教授、越南卫生部医疗卫生局原局长）

前言

　　我的本职工作是研究历史、生物考古，借此机缘探索、发掘上千年前祖先、父辈的饮食遗迹。通过那些穿越千年历史得以沉淀、遗留下来的有关饮食的痕迹，包括动物遗骸、烹饪炊具、杯碟酒盏、历史典册等，还有我本人的自身体验——一个出生、成长、半辈子生活在河内的人的体验，我希望能为读者提供一个了解河内饮食历史的新视角。

　　我的父母都是河内人，他们几乎一辈子都生活在河内。从家谱中得知，父母的祖父母、曾祖父母也都生活在河内。与我家相似，妻子的祖上也都是在河内生活的。至于我自己，除去因为战争、求学、工作在外的那几年光景，绝大多数时间也都是在家乡河内内城度过的。

　　从履历上看，我是河内人，我的家庭是典型的河内家庭，然而说起对河内文化的了解，不少并非在河内出生、成长的人，甚至有些没怎么在河内生活过的外国人，他们对河内的了解比我深刻得多。

　　我斗胆写一写河内人的饮食文化，自我安慰道，既然是河内人，就无论如何都能写。然而提起笔来倍感困窘，就连如何定义河内人都十分困难。难道非要久居河内或是祖辈世代扎根在这里的人才算河内人吗？

如今的河内人操着不同的口音，自四面八方而来。他们是新河内人，是河内的新移民。如同我的祖先几百年前移居升龙古城（河内旧称）一样，他们也曾是那个时代的新河内人，在经过很多代，成为这拥有几千年历史的京畿古都居民的过程中，渐渐河内化，他们向老河内人学习、与老河内人共处，同时也不断为河内增添前所未有的、全新的文化印记。

这是所有都市的发展规律：它们是文化潮流汇聚、融合、升华和传播的中心，其中就包含饮食文化。

饮食是文化的重要组成部分。探寻河内的饮食特征，进而发现属于河内人的饮食习惯，将其传承、发展成为河内的饮食文化，这对建立新河内文化十分重要。

我把我这个年龄的河内人吃过什么、喝过什么，以及我身边家庭保持着怎样的饮食习惯记录下来，希望对传承和弘扬河内的饮食文化有所裨益。

说到底，吃也是一门艺术。提到艺术，一直以来我们常说有七种艺术：音乐、戏剧、舞蹈、建筑、绘画、摄影和电影，却没有人将饮食视为艺术。世界上有很多民族十分重视饮食、服饰、住宿，这些也是人类生活的必要组成部分，因此，我们是否可以把饮食文化或饮食艺术归列为第八种艺术呢？

一直以来，吃喝这码事好像一度被我们轻视了。人们常说贪吃羞耻，士子们把吃喝看作最末等之事。有时候我们又不得不承认，民以食为天，食为道先。实际上，士儒们在饮食方面很讲究。旧时河内的士大夫阶层着实为各类民间饮食的河内化和开创河内独有的饮食方式做了不少有益贡献。

此后，在60年的法属殖民时期，受到西方传教士、各类宗教、天南海北的移民及接连不断的战事的影响，河内人的饮食方式发生了诸多改变。河内人在接触并学习西方和中国的饮食方式的同时不断吸收、创新，形成河内自己的饮食方式。

1945年八月革命后，特别是1954年以来，随着社会主义建设事业的不断发展、不同文化间的交流日益频繁，全国各地、世界各国的饮食方式通过不同渠道传至河内，让河内的饮食艺术变得越来越丰富。

为了了解河内人20世纪初至今的饮食文化，我寻了几位河内老人，听他们讲那些简单又很讲究的河内饮食文化，以及这些隐藏在文化背后的平凡而真实的人生。

其实从老人们那听来的有关饮食的事并不多，他们年纪大了，常常一件事还没聊完，就岔到另一件事上，从饮食聊到人生。由此发现，一直以来，河内饮食文化几经沉浮，充满诗意！

武世龙

目 录

玻璃瓶里的凉开水

　　小时候，每次跟着大人回到位于黄梅郡（原是河内市郊，现属于二征夫人郡）的老家，都能见到邻居阿姨从地里干完活回到村里，用斗笠打起村中大水井里的水，咕噜咕噜地喝。井水澄澈，上面布满了浮萍，看起来像一个漂亮的蜂巢。几乎全村人都喝这井水，因而大家一起有意识地维护着井水的卫生。邻居阿姨告诉我："水甜，冰爽，你尝一口就知道了！"尽管她这样说，我还是不敢喝，因为城里的小孩一直被大人告诫，这样喝水不卫生。我母亲还讲过，有人曾经喝了井里的水，被蚂蟥爬进了鼻腔，窜到肠子里，吸干了全身的血，整个人苍黄得像一片芭蕉叶。但是有一次，我出于好奇，用椰子壳做的瓢从大伯家的水池中试着舀了几口雨水喝。听说雨水特别甜，我还以为会跟蜜糖一样，尝过才发现，原来这水跟城里人家喝的凉开水并无不同，没像城里大人说的那样会闹肚子。

　　我家和当时大多数河内家庭一样，有几个用来盛白开水的玻璃瓶。白开水就是在铜壶（后来改用铝壶）里烧开的自来水（或雨水）。以往河内人常用柴火烧水，很少用炭，用电更是罕见。烧水时，必须将水煮沸。我祖母说，若是喝了没有煮沸的水就会小便失禁。这话不知是真是假。烧水时，要特别注意不能让沸水被柴火冒的烟熏到，被烟熏过的水有股煳味，很难喝。盛水的壶必须洗得干干净净，最常用的是白色旧玻璃酒瓶。没人会用装鱼露或煤油的瓶子装白开水。有时为了清洗干净旧玻璃酒瓶，还得放几块小石头进去，掺上些从肥皂上刨下来的肥皂屑，那些方方的肥皂上刻着"油脂含量72%"。那时候，河内是没有肥皂粉的，更没有如今这些丰富的洗涤用品，所以不得不来来回回地清洗，直到瓶子清澈透明、肥皂味消失殆尽。水煮沸放凉后，我的祖母或姐姐会把一撮棉花放在纱布上，放进专门用来滤水的铝制漏斗里，这个漏斗绝不能用来灌酒或鱼露或其他液体，接着把漏斗插进瓶口，然后将凉开水慢慢灌进一个个玻璃瓶中。最后在瓶口盖上硬纸板做成的斗笠形的盖子，防止灰尘落进去。我家的凉开水瓶子一般会整齐地放在小孩子刚好能够到的柜子上，旁边放倒扣在瓷碟上的干净光洁的玻璃杯。无论是我们放学后满头大汗地跑回家，还是父亲下班归来，都会小心翼翼地把水倒入杯中，一饮而尽。喝多少就倒多少，倒多了喝不完就得倒掉，谁会忍心浪费祖母和姐姐费时费力烧开再放凉的白开水呢！后来，我们兄妹几个大一点了，也开始轮流负责每天给全家人烧水并放凉装瓶。

　　如今，很多家庭已经不再用这种复杂的凉水方式，有的人家改喝瓶装纯净水，有的直接饮用滤瓶过滤后的自来水。现在几乎家家户户都有冰箱，冰水也就随时都有。我也被冰箱"宠坏了"，丢掉了喝开水的传统习惯，甚至不喝冰水就难受。不过，我还保留着一个老习惯，就是把水倒进杯子里喝。过去，长辈们曾经非常仔细地教我们吃喝的规矩，我家绝不允许直接用嘴对着瓶子喝水。

因此，现在参加各类会议，看到那些代表们，放着摆在面前的光洁的水杯不用，而是直接拿起一瓶水咕咚咕咚地大口喝，我仍会感到别扭。用嘴对着瓶口喝水是在外面工作时候的做法，一人一个瓶子，不会弄混。但坐在桌前开会，难道也要用这种方式吗？

我祖母若还在世，看到我这样喝水，一定会骂我的，她一定会说："河内人哪有这样喝水的！"

旧时水翁茶

水翁花茶

我小的时候，水翁花茶是河内常见的饮品。河内家家户户都有茶壶篓，茶壶篓分很多种，有的是竹板拼的，外面涂了油，圆桶一样的外形，像一个缩小了的酒桶；有的则是用藤条编的，藤盖扣在篓身上。讲究一点的，会加上一个铜丝缠制成的提把。茶壶篓的内衬多是软绵，像一床棉被紧紧地包裹住茶壶。茶壶篓用一块填了棉花的布做成盖子，正中缝上一块硬币大小的洋铁片，铁片顶上连着一个钢丝圈。

茶壶篓里正好能严丝合缝地放下一个茶壶。泡水翁花茶的壶也分很多种。有的比较简陋，釉色只有青蓝色和乳白色两种，壶壁相当厚。这类瓷器是量产货，通常与钵场村（隶属河内市下辖嘉林县，是越南有名的制陶村）产的碗碟或是些其他的民用瓷器一样。还有一种就讲究得多，胎壁更薄，釉色更白，壶身还有精致的图案装饰，如有的图案是坐在古松下的神仙，神仙身旁有一只布满白色细腻斑纹的金色梅花鹿，梅花鹿正伸着长长、分着叉的鹿角，也有的画着金色的菊花……之所以先说茶壶篓和茶壶，是因为这是泡水翁花茶的必用之物，泡水翁花茶绝非像如今泡茶包那样，把茶叶放在杯子里直接冲开水。

水翁花是植物水翁晒干后的花蕾，这种植物遍布越南北部平原每个村落的水塘边。据说，只要在水塘边栽上水翁树或无花果树，水就能一直保持清凉，夏天池里的鱼也不会因缺氧而鱼肚翻白。夏日正午，骄阳似火，映着水翁树、无花果树影子的水面上散发凉爽的水汽，如同一台天然空调，缓解了令人窒息的闷热。如今，我发现在乡下越来越难见到水翁树了。人们跟我说，这种树既占地方又不值钱，再说，现在也没多少人喝水翁花茶和水翁叶茶了，水翁树自然也就越来越少。

回想过去，河内的市场里到处都卖水翁花，就像现在的甜品店一样普遍。我的祖母每次都买好几千克，留在家里慢慢喝。听说水翁花放得越久越好，有的人家每年都买很多存着，每次都用存了很多年的水翁花来泡茶。苏玉青教授跟我说，他的祖母都是喝那些存了几十年的老茶，这些水翁花买回来后晾干，存放在不同的瓮里，瓮上编了号，清楚地记录存放日期，每年，老人都要买回新的水翁花，补充家里常年的存货。

水翁花买回来时就是干的，但我祖母还会把它们再晾干些，然后仔细挑出混在里面的杂草。祖母习惯把水翁花存放在一个用干芭蕉叶盖着的瓦瓮里，她说用盖着干芭蕉叶的瓦

河内家家户户都有茶壶篓，茶壶篓分很多种，有的是竹板拼的，外面涂了油，圆桶一样的外形，像一个缩小了的酒桶；有的则是用藤条编的，藤盖扣在篓身上。

瓮贮存东西，既不会发霉，也不会生虫。每次泡水翁花茶时，祖母都会小心翼翼地用一个小勺子，将瓦罐倾斜，从里面满满地舀出三勺来，放进开水烫过的茶壶里，然后迅速倒入开水。开水从又尖又弯的铜壶嘴里灌入茶壶，灌至壶口时，祖母就停下，不让任何一滴水溢出来，最后盖上壶盖。瓷壶盖用绳子绑着，另一头拴在壶把和壶身相连的小孔中，以免不慎掉落摔破。祖母将茶壶篓的盖子也盖上，让水翁花茶的精华与沸水融为一体，直到茶水变成浅浅的棕黑色。

水翁花茶热着凉着都能喝。我倒没见过有人把水翁花茶放进冰箱或是加冰饮用。乡下人通常用吃饭的碗喝，城里人用玻璃杯或瓷杯。水翁花清香淳朴，泡出的茶味道微微甜涩，不像太原茶和富寿茶这样浓涩。每家的口味不同，有的人还会在水翁花茶里加一些甘草，让味道甜润些。水翁花茶是非常健康的平民茶饮，不仅不会影响睡眠，还助消化，老少皆宜。

我舅舅告诉我，以前在外祖母家所在的黄梅郡，有人喜欢把荷花泡进水翁花茶。大舅结婚时，外祖母邀请村里那些有学问的老人参加婚礼，老人们就提出，吃完宴后要有荷花泡水翁花茶喝。现在，河内似乎没有人这样喝水翁花茶了。

水翁花茶是以前河内很普遍的饮品。每家餐馆的桌上都会放一壶现成的水翁花茶供客人享用。几十年前，河内电车上、火车站外的草行街边，或是同春市场里，常会有小孩子或者老太太一手提着一只大水壶，为了保温，水壶外面裹着厚厚的棉布或麻袋片，另一只手端着一叠瓷碗，嘴里吆喝着："谁喝热乎乎的水翁花茶呀！谁喝热乎乎的水翁花茶呀！"光顾的一般都是在外辛苦奔波的人，有背筐挑担做小买卖的，有从外乡来在车站等车的……

不晓得这曾在河内流行一时的茶饮，为何在这几十年间淡出了我们的生活，取而代之的是曾经被视为奢侈品的浓茶。

水翁叶茶

祖父上了岁数后，雇人在兴冀寺（现在位于二征夫人郡的明开街上）附近水塘边的一块地上开辟了一个小园子，里面什么都有，番石榴树、阳桃树、柚子树……当然，他也不忘在角落里种上一株水翁树。每周四下午放学后，我都会叫上一群小伙伴，一同坐电车去祖父的园子里玩。祖母知道我喜欢和朋友们疯玩，每次都会给我们这些"坏小子"准备各种好吃的。有时是一串酸酸甜甜的岭南酸枣，有时是园子里熟透了的柚子或番石榴，必不可少的是那一壶早上就煮好放凉的水翁叶茶，它就放在厨房里三尊敦实的泥塑灶神像旁。

尽管祖母给我们备好了水果，但我们这群小孩仍然要爬上树去摘那些青涩的果子，大模大样地坐在树枝上大口啃起来。祖父说，这样爬树会把老树皮弄脱落，结出来的番石榴就会变酸，不甜了。于是他用一根竹竿，砍掉一端，编了一个鱼篓似的小篮子，篮子上还有个方形小盖。等番石榴熟了，可以用竿子套住果实，摘下放进篮子里，这样就不必爬上树去摘了。不过祖父还是宠爱孩子的，纵容我们爬树。我们累得汗如雨下，才跳回到地上，跨过池塘上的小竹桥，奔进厨房，拿出祖母洗净晾干的碗——祖母将其一个挨着一个、整齐地排成两行，摆在那使用多年、表面都被磨得黝黑锃亮的竹制橱柜里。我作为"一家之主"给小伙伴们倒茶。说实话，倒水翁叶茶不像用瓶子往杯子里倒水这么简单，需要常常练习才行。

水翁叶茶要用一个特制的陶壶煮好并存放在里面，这个壶祖母只用来泡水翁叶茶，从不做别的用。要想从壶中倒茶，手要紧握住壶身上两个"日"字形的凸起提把。壶底是圆的，壶嘴很短。把正噗噗冒着热气的壶从熊熊灶火上端起，再倒入每个碗中，这简直是一门艺术，不仅要双手有力、灵巧，还要胆大心细。我怕被烫着，不敢从灶火上直接端壶。知道我们都爱喝凉的，祖母从中午就开始准备，把茶放凉了给我们留着。我给每个小伙伴倒了一碗淡淡棕色的水翁叶茶，茶水散发出一股干水翁叶本身具有的淡淡的、略带刺鼻的草木香气，端在手上就能感到一股清凉。小伙伴们一口气咕噜咕噜地喝光，然后伸出空碗来再要一碗。我最得意的是，给小伙伴们分完茶后，自己享用壶底最浓郁的那部分茶水。我以前只知道用陶壶凉的水喝起来总是感觉十分凉爽，但不懂这是为什么。后来上了学才知道，原来陶壶是用陶土制作的，表面上有很多小小的孔隙，可以将一部分水汽渗到外面。把壶放置在通风处，外面附着的水汽会蒸发掉，壶里的水自然变得冰爽。

不同于绿茶，刚从树上摘下的新鲜水翁叶不能直接泡水饮用。从水翁树上摘下叶子后，需把叶子放在干净的石砖上晾蔫，等到叶子晒得变脆了，再把它们放进一只筐中，把筐浸入池塘中，半天左右后捞起，在初夏静置三天，然后把叶子摊开彻底晾干。

喝的时候，取一把叶子，洗净后放入陶壶，盖严盖子煮沸。陶壶里的水喝完后，还可以添水继续煮。

过去，每个市场都有卖干水翁叶的，梅子市场里卖得最多。现在，我多次去市场里寻，都难以觅到水翁叶。河内人是否渐渐忘记了这种简单的饮品了呢？

消失的花茶、鲜茶和中国茶

花　茶

　　除了水翁花茶，以前河内人还喝另一种茶饮——花茶。花是晒干的茶花骨朵，比细筷子的头稍大一点。和水翁花茶一样，花茶也要用开水将花泡在茶壶里。花通常被放进一个小布袋里，将布袋封口后放进茶壶。为了让茶味快点散开，有时候人们先把花压碎，再放入布袋。也有人将布袋换成鸡蛋大小的铝制茶笼，茶笼可以从中间打开，一分为二，把花放进去，泡完茶后将碎茶渣子倒出来。茶笼上的许多小孔有助于茶味在水中散开。花茶味道清淡、微涩，茶水呈亮棕色，微微发红。昔日河内人家常用热花茶招待客人，但不知为何，这种熟悉的饮品已经很少在河内人的家中看到了。

鲜　茶

　　现今在河江省的山区，依然有天然的古茶树林。有的茶树已有几百年历史，三四个人都无法环抱住其根部。茶树在越南普遍种植，在河内周边的平原地区和河流中游十分常见，如河西省的石室县、北宁省的北宁市、河南省的金榜县等，几乎家家户户都种有几棵茶树。

世界各地都有独特的饮茶方式，而喝鲜茶大概是越南最古老、最具民族特色的饮茶方式了。

在清化省百鹊县的山区，芒族同胞专挑鲜绿带刺的老叶，放进石春中捣碎，用沸水泡着喝。

在河静省的一些地区，人们把茶叶连枝摘下来，放进泥壶里煮。早上下地前，干农活的人只喝一碗浓浓的热茶，吸一袋水烟或吃一块红薯，就可以坚持到中午。

顺化人把茶树的枝和叶一起切碎，晒干后煮水喝。从第一壶水开始，不断添水，慢慢稀释，慢慢享用。

不知道河内人饮鲜茶的方式从何而来，但鲜茶是河内一些家庭的独特的饮品，也是火车站、汽车站和路边摊常见的平民饮品。

过去鲜茶在河内的市场里随处可见，每天都有大量的鲜茶进入市场，在北过市场、梅子市场和晚市后面的德园市场里可随时买到几箩筐鲜茶。市场里卖的鲜茶一般都是现成的茶叶，而河静市场中卖的还带着茶树枝茎。河内各家各户都有自己泡鲜茶的方式，很难说到底哪种才是河内特色。但总的来说，河内人泡茶的方式与前面提到的清化省的芒族人、河静省的农村人还有顺化人都不一样。

我祖母也喜欢喝鲜茶。每次回去探望她，她总是给我倒一碗冒着热气的浓鲜茶。祖母过世以后，家里就再没人喝鲜茶了。

祖母年迈后，仍不肯清闲度日。孙辈都随着父母去外面住了，家中人少，祖母感到无聊，就想给自己找些事做，顺便赚点小钱。祖父找人给祖母做了一张竹木床榻，摆上些自家园子里摘的或从外面买来的香蕉、番石榴等应季水果，拉到梅子市场去卖。床榻上还摆着果脯、橄榄干、麦芽糖、芝麻糖、夹心糖卷、鸭子糖等零食，这些本是为了吸引小孩子来买的，但一些大人也常会买些零食来搭配鲜茶。

另外，祖母还会煮一罐鲜茶，卖给那些在梅子市场拉货的车夫。过去，河内使用人力木轮车来运货。每辆木轮车一般只有一个车夫，车夫一边在前面扶车把，一边用肩膀上斜挎的麻绳拉车，他们弓着身子，赤脚踩在炽热的柏油路上。如果车子太沉，就在后面加一个人推车。这些拉车的人被称作"巴格三轮车夫"（这个词来源于英语的"bagages"）。过去，三轮车夫是最苦的人，后来河内划阶级成分的时候，他们被划入城市贫民，在很多方面得到了照顾。我祖母摆的鲜茶摊，就是为这些人服务的。

对车夫来说，鲜茶是最解渴的饮品。盛夏午时，拉完一车大米或木柴后，车夫们大汗淋漓，满是补丁的上衣被汗水浸透。这时候坐在祖母的榻边的长凳上，躲在棚子下享受着惬意的微风，喝一碗热鲜茶，吸口水烟，没有比这更舒服的了。

祖母坐在一张不高不矮的凳子（年迈的祖母有些驼背，祖父就专门为她打造了这张凳子，让她坐着舒服些）上，凳子上铺了一块麻袋做的椅垫，外面整齐地包了一层塑料布。祖母会倒水招呼客人，然后轻摇着竹扇给大汗淋漓的女车大扇风。有一次暑假，父母让我去祖父母家住一周。除了尽情爬树、摘果子，我也会去帮祖母打打下手，比如清洗装鲜茶的篮子。祖母把洗净的鲜茶叶用手搓软，然后装进一个瓦罐里，罐口大小适中。为了防止茶叶随着水流到外面，祖母用竹箅斜盖在罐口，挡住茶叶。祖母将烧开的水倒进放了茶叶的瓦罐里，几分钟后把水倒掉。祖母说这是洗茶水，可以冲掉茶叶里异味。水倒干后，祖母继续往罐里添沸水。祖母说，泡茶的水一定要煮得特别开，最忌用被烟熏过的水泡茶（过去用柴火或干叶子烧水，没有煤气灶、油灶）。烧的水倘若不慎被烟熏了，就得连茶带水全部倒掉。泡茶的水是院子里水池中存的雨水，一年都用不完。家里其实有自来水，但祖母说自来水味道重，容易掩盖鲜茶的味道。每次沏完茶，祖母都要把盖子盖严，然后用麻布把整个罐子裹起来，放进一个方形的木桶里保温。有客人光顾的时候，祖母就小心翼翼地用椰壳勺舀出茶水，倒进整齐排列在榻上的瓷碗里，然后亲手递给客人。

　　祖父找人做床榻时，特意叮嘱木匠在竹榻靠近客人的那端的木框上凿六七个圆孔，孔的大小刚好能放进一个玻璃杯。那种玻璃杯就像我们现在的啤酒杯，但尺寸只有啤酒杯的一半大。这些杯子是河内周边的玻璃窑用旧瓶子和碎玻璃片手工烧制出来的，因此呈淡绿色，玻璃上满是气泡，与河内有钱人家柜子里摆放的杯口装饰花纹的、晶莹剔透的玻璃杯完全不同，那种杯子只有贵客来时才会拿出来用。这种杯子是河内人专门用来喝鲜茶的杯子。祖母不知从哪找来了一些木头盖子，大小刚好能扣在杯口上，这些杯子就用来喝甜茶。过去白砂糖对河内人来说是奢侈品。配给制时期，每个职工每个月只能买到几两白砂糖，要精打细算地用。加糖的鲜茶无论作为冷饮还是热饮，都是极其美味的饮料。小时候，每次去摊前看祖母，她总是用一杯加糖鲜茶招待我，我喝了以后倍感清爽，疲惫瞬间消散。

二十世纪六七十年代，中国茶开始在河内流行以后，鲜茶就渐渐从河内的茶馆里消失了，取而代之的是河内认为味道很浓重的中国茶。这些茶馆里也卖纸烟、炒花生米、酒水等。

最近有人说鲜茶不仅营养丰富，还可以预防疾病，一些河内的老人便又开始喝鲜茶了。老人们早上去还剑湖边晨练完，就顺便去宝庆街，找一位卖茶的大姐买几两鲜茶，卖茶大姐的茶是从郊区带来卖的。晨练时间一过，茶叶也刚好卖完了。

中国茶

过去，中国茶是奢侈品，中国茶都装在瓷瓶、白色玻璃瓶或者锡盒里出售。也有一些零卖的，茶叶包在纸里，再用蒲草绳绑住，连这蒲草绳也是从中国运来的。没什么钱但又想喝中国茶的，也可以只买刚好够泡一壶的茶叶。这些茶叶装在一个小小的纸包里，就像一个尖尖的菱角，所以过去河内人称之为"菱角茶"。这种茶最早是由在横行街、桃行街上开店铺的华人带到河内来卖的，由此得名"中国茶"。那时的"宁太""正太"等都是有名的中国茶铺子。

中国茶与槟榔、莲子蜜饯、夫妻饼，都是河内人提亲时的重要聘礼。提亲过后，女方家将茶叶分成小份，包进红色玻璃纸里，和槟榔、莲子蜜饯一起，作为礼物分发给邻居和亲友，这是报喜的一种方式。

关于越南人的饮茶习俗，已经有太多人写过了，也有不少关于中国茶的著作。在这里，我只谈谈我作为河内人所了解的饮茶习俗。

我的家庭是一个普通的公务员家庭。1954 年以前，我家很少喝中国茶。我们通常只喝花茶、水翁花茶、水翁叶茶或白开水，偶尔赶上过年过节才有机会喝中国茶。那时的小孩完全不懂什么是中国茶，只知道经常唱一首歌谣：

奶奶给我一枚硬币吧
我买个驼背粽寄回南方
爸爸在外挣钱
喝着中国茶
抽着香烟
妈妈在家只能吃红薯叶

虽然我的父亲也在外面工作，但我从没见他享用过中国茶或者香烟。

需要补充说明的是，河内人过去喝的中国茶一般分为绿茶和黑茶两种。有资料记载，黑茶原产于中国云南的蔓耗镇。以前的黑茶不同于现在常喝的、口感发涩的太原茶。如今只有少数河内人还保留着过去古法炮制黑茶的手艺。这些严格按照过去老河内人口味炮制的茶，大部分都被寄到巴黎或者美国，那里生活的越侨虽远离家乡，但能原原本本保留家乡的传统饮食方式。

以前炮制黑茶的方法非常考究。茶叶必须来自河江省的山区，那里仍然保留着古茶树林，很多老茶树粗大的树干，几个人都无法将其环抱住。茶叶先被制作成干茶饼，存放几年再拿出来加工。加工前，茶叶要经过水洗、干燥等复杂的工序，最后才加入荷花窨香。采摘的荷花全部来自精心挑选的池塘中的某一区域，只在天蒙蒙亮的时候采摘，采摘后立刻带回去，与茶叶一起放入窨炉中阴干。这种方法做出的茶味道独特，不会像如今市场上销售的太原茶那样太苦涩，也不会导致失眠。

20世纪60年代初期，河内国营的饮品店里没有太多的饮品，客人点一壶茶，店里就会端来一套茶具、一小包用报纸包着的茶叶，或者已经泡好的茶，还会配一个盛开水的竹编套暖瓶。客人在茶店里一坐就是几个小时，尽情喝茶聊天。那时候河内人口没有现在这么多，店里一般也就只有几个闲人而已。

暖瓶是个特殊物品，饮茶时必不可少。1954年以前，暖瓶相当贵，在河内不是什么人都能拥有的。过去的暖瓶内胆是用玻璃做的，铁质外壳，比较小，不像后来1.5升、2升的

采摘的荷花全部来自精心挑选的池塘中的某一区域,只在天蒙蒙亮的时候采摘,采摘后立刻带回去,与茶叶一起放入窖炉中阴干。

这样大。那时的暖瓶主要是富裕人家为了给婴儿冲奶、保温热水用的。1954年以后，才出现了从中国传来的竹编暖瓶，从那时开始，河内流行用暖瓶装热水冲茶，而不是像过去一样在炉子上烧水煮茶。后来，东明灯泡暖瓶公司在河内诞生，向市场供应暖瓶。这些暖瓶曾一度成为饮茶人和路边茶馆的好伙伴。虽然当时河内有了暖瓶和灯泡厂，但在战争时期和配给制时代，这两样物品还是很难买到。机关工会偶尔会采购一些分配给员工，但要经过评选，选上了才能买。

如今在河内喝浓茶，不管是在家里还是在单位，甚至在农村都已经非常普遍了。走在路上如果渴了，便可以到街边的摊上，坐在矮凳上歇歇脚，叫一杯热茶，热茶的价格十分便宜。茶叶一般来自太原、和平、谅山、木州、河江、宣光等地。河内人习惯统称之为"太原茶"。太原茶如今已经是河内最常见的饮品了。

20世纪50年代末至60年代初，大多数河内人还喝不惯这种浓茶。后来，机关、部队干部在北方集结时期（译者注：日内瓦会议后，由于美国对越南的军事干涉，胡志明号召越南南方军队和地方干部一部分继续留在南方，另一部分集结于北方参与建设，积蓄力量为解放南方做好准备），有些人被调到北方国营农场里搞建设。其中河内附近和平省的梁山国营农场专门种茶。这些干部里，有些人原本就有喝浓茶的习惯，后来他们分散到河内的各个单位里，或许喝浓茶的习惯就是自此迅速"侵入"河内人的饮食生活的吧？

越南民族学教授叶庭华有一次跟我说，北方刚解放时，从南方来的干部代表来到河内，在一场招待会上，胡志明主席就按照平定地区人的饮茶习惯，请在场的代表喝浓茶。

同奈省博物馆馆长思业和音乐家阮文南也都是从南方来到北方集结的干部。他们说，当初刚毕业就来到河内，每逢春节，他们这些来自南部，特别是西南部的人就聚在一起，喝喝浓茶慰解乡愁。他们管这种茶叫"怒茶"，不知道为什么"怒"字在这里有"浓"的意思。朋友间如果说去"唔嘚咕"，就是约去喝怒茶。让人难以理解的是，以前的南部和西南部地区都不出产茶叶，为何浓茶却在那里如此普及？

我曾有机会去河江、太原、林同、保禄的茶园，了解到不同地方的茶叶工厂有不同的加工方式。有一回，我参观一家大型茶社，实际上也是私人茶博物馆，老板还经营着进达茶厂，他从北方来到南方的保禄地区，也把茶叶加工工艺带了过来。茶社里的工作人员告诉我，现在南部地区的人喜欢喝没那么苦、淡一些的冰茶，最好是荷花或茉莉花味的，中部地区的人喜欢喝浓郁苦涩的茶，且各个地区喝茶的方式也有差异。

如此看来，河内人喝浓茶的习惯可能起始于20世纪50年代，受到中部和西南部地区的影响。

另外有趣的是，在配给制时期，购物票证出现后，中国茶和香烟都要凭票购买。那时候，任何需要凭票购买的东西都非常值钱，因为与外面的价格相比，补贴后的价格几乎可以忽略不计。因此，许多河内人尽管不喝茶、不抽烟，但因为凭票购买便宜，还是会把配额用完。

　　随着经济的发展，各种茶一股脑出现在河内的消费者面前。在超市里常常可以见到数十种国内外不同品牌的茶叶。现在的青年人更青睐欧洲人的黑茶，他们习惯到饮品店里，点上一杯泡法多种多样的立顿、迪尔玛或锡兰牌袋茶饮品。

　　似乎喝浓茶的习惯正在慢慢消失，特别是在河内青年一代中更加少见。

　　现在许多河内家庭又慢慢恢复喝传统鲜茶、水翁茶和花茶的习惯。清晨，老人们去公园锻炼完，不忘顺便买一包鲜茶带回家喝上一天。鲜茶是经久不衰的传统茶饮，可以补充多种维生素和一些重要的营养。

　　显然，河内人的饮茶习惯会随着时间、空间而发生改变，像保护文化遗产那样保持传统的饮茶方式是有必要的，但在我看来，也不应排斥饮茶新潮。

　　不管按什么方式饮茶，茶都是有益健康的。不仅如此，多喝越南本地茶，也算是帮助那些中部和山区的茶农增加收入、改善生活吧。

"chè" 与 "trà"

不少人都有一个困惑：越南语中"chè"和"trà"都是指茶，两者有什么区别呢？明明都是以茶叶为原料，为什么有时叫"chè"，有时叫"trà"呢？我并非语言学专家，但对此甚有兴趣，因此想试着解开这个谜题。

何为"chè"？

在越南语中，"chè"是指以茶树这种植物为原料的产品。"chè"还可以指各种或稠或稀的甜羹，它是用糖（甘蔗汁或其他糖类）与其他豆类、薯类、水果等煮成的。这里就不再赘述甜羹了，主要谈谈越南常见的、以茶树为原料的茶饮。

越南语茶水的茶字如果用"chè"，就是指用茶叶、茶枝、茶花制成的饮品。越南位于亚洲的东南部，是茶树的生长区。许多研究人员认为，越南位于茶树的生长区，重要证据就是在海拔 2200~2800 米的越南番西邦峰的原始森林中发现了野生古茶树，它的树干粗壮到两个人都无法将其环抱住。

说回名称的问题，我们可以想象，如果茶树最早生长在亚洲，越南正处于这种植物的生长区，那么"chè"这种叫法肯定与这一地区有关。"chè"是否来源于古老的古越语，此后其他族群引入茶树，但仍沿用原来的发音，只不过变声为"trà"或其他音而已？

了解一下与古越语有密切关联的芒族人的语言，不难发现，芒族人把"chè"念作"che"，即没有声调的念法。迁移到越南北部的泰族人及其他民族的发音也与之类似。

"chè"是指以茶树这种植物为原料的各类饮品的统称，比如绿茶、鲜茶、芽茶、花茶……我们一般不用"trà"来称呼这些茶。就连以前那些在车站外的小贩吆喝时说的"谁喝鲜茶呀！热乎乎的水翁茶呀"，也用"chè"。甚至以前收废品的大妈也用"chè"这个字来说"谁有废铜烂铁、旧茶瓶的卖"，这种茶瓶看起来像瓷的，其实是用白色浊玻璃制成的，二十世纪三四十年代华商用它装茶叶，在大城市里卖。

由此可见，各种用"chè"代表茶的词，比如茶水、绿茶、太原茶、花茶、干茶、鲜茶、甜茶等，都是指那些以茶树和茶树为原料制成的饮品的民间叫法。

何为"trà"？

"trà"也用来称呼一些以茶为原料制成的饮品。但有些称为"trà"的饮品里并没有茶的成分，而是其他植物的叶、茎、果或籽之类，典型的例子就是八宝凉茶（用八种珍贵草药冲

泡的饮品)。

越南人也有类似的饮品，比如像水翁叶茶、水翁花茶或是各种其他植物泡的水。当然，越南人不会用"trà"来称呼这些饮品，而是给它们取了各种名字。

"trà"在越南语中就这两种用法。通常在涉及讲究的饮用和加工方式的情况下，人们才用这个字。"trà"是中国人的叫法。如果关系到精致、考究的饮食文化，人们一般用"trà"，比如黑茶（中国云南蔓耗的一种发酵茶）、荷花茶、菊花茶、米兰花茶，或是各种茶具如茶壶、茶瓶、茶杯、茶台，以及茶道、茶宴、茶会等，越南民间则不使用"chè"了。

"chè"和"trà"这两个字体现了越南文化中茶叶加工和品赏茶产品的不同风格、不同习俗的交流成果。这种交流让越南人将饮茶这种艺术变得既接地气又"高大上"，既可以走进寻常百姓家，又能流行于豪门权贵间。

从冰水到冰茶

圣诞节后，河内突然变了天，已经十二月份了，仍热如盛夏。我带着孙儿上街，他闹着要我给他买冰茶喝。我不敢给他喝，出门的时候他妈妈嘱咐说："您可别给他喝冰茶，嗓子会发炎的！"我问孙儿："你为啥爱喝冰茶？"他自然地回答道："我们在学校上完体育课后，经常一起去喝冰茶。"他还问我："为什么您不喝冰茶，只喝热的浓茶呢？我们都不爱喝浓茶！"

现在的小孩就是如此，比着喝各种饮料，一会儿冰茶，一会儿又是各种瓶装饮料，有些比汽油还昂贵。这才短短几十年，河内人喝茶的习惯为何变化得如此之快？

在我像孙儿这个年龄的时候，我和父母、祖父母同住。祖父有工作，但没有喝中国茶、抽纸烟的习惯，只抽水烟。父亲虽然是公务员，但是也从不喝中国茶或是抽纸烟。那时，祖母经常在厨房里煮水翁叶茶，或者焖一壶水翁花茶。许多时候，我们小孩子只喝凉开水。有时候随祖母去市场，口渴了，祖母就买一碗鲜茶，分成两碗我们一人一份。卖鲜茶的大娘把几个碗倒扣在竹榻上，有客人来买茶，她便用水瓢从麻布包着的茶水罐中装出热茶倒进碗里，递给客人。泡鲜茶的技艺很是讲究的，首先用手搓茶叶，然后才能把茶叶浸泡在滚烫的沸水中。当然也有人喜欢喝凉的，凉鲜茶都是现成的，盛在玻璃杯里，用薄木片盖住杯口，防止灰尘落进茶里。要是想喝加糖的绿茶，可以要一勺白糖，搅拌在茶里就行了。那时候河内完全没有冰茶。说到冰茶，就一定得了解关于河内冰的历史：河内什么时候开始有冰？是谁把冰带到了越南呢？

实际上，直到 19 世纪末越南才有冰水，在这之前，越南人几乎不知道什么是冰。越南地处热带，终年炎热潮湿。北方虽有冬季，但北方人是在阴冷潮湿中伴随绵绵细雨过冬的，未见过冰雪。只有很少生活在老街沙巴或谅山省母山地区的人，才能偶尔在初冬见到一点冰霜，雪则是百年一遇的。

河内的第一家制冰工厂在陈光启街上。去年，我与史学家杨中国和另外几位建筑行业的朋友在陈光启街的一家酒馆喝酒，从酒馆的二楼望向窗外，我惊讶地发现，老制冰厂的滤水塔依然矗立在那里。水塔是用来冷却水和过滤杂质的，方形的水泥塔下有四根支撑的柱子，塔身开有许多孔洞，像是向四周开启的窗户，迎着从红河上吹来的风。它是 19 世纪末法国在越南工业化的标志之一。那个时候，水塔还被印在明信片上，四处售卖。我小的时候，河内的冰主要是从这里生产的。后来，我见过其他地方也有制冰的，在草行街的河内火车站旁和顺化街上都有私人的制冰小作坊。

二十世纪五六十年代，冰对很多河内人来说还是奢侈品。

人们需要通过经销商才能买到冰。冰用麻布裹着运到售卖点，然后按杯出售。人们把冰买回家以后要再用干稻草捂着，再盖上麻袋，以便让它融化得慢一些。富裕人家会把冰存放在玻璃保温瓶里，这种保温瓶有一个宽口的双层玻璃内胆，外面一层铁皮外壳镀成银色，有提手，还有一个用软木做的手掌大小的瓶塞。每当有重要客人来家里做客，父亲就会买一块冰回来，拿出珍藏的金边水晶玻璃杯，盛上加糖的冰柠檬水，请客人享用。

那个时期，非常有钱的人家才有冰箱。但是有钱人也没有喝冰茶的习惯，只是喝凉茶而已。直到 1975 年南方解放后，越南派遣工人去苏联和东欧等地区务工，冰箱才逐渐从南方和国外普及到河内。自此，河内城里的家庭才开始盛行喝冰水。

19 世纪末，河内人才知道喝冰水，但冰茶是从何时兴起的呢？

过去河内人多是喝水翁花茶、水翁叶茶、花茶、鲜茶或凉开水，只有少数家庭喝中国茶（熟茶、莲茶等）。后来，南方的干部来北方集结，在和平省良山、太原省、富寿省等地种植茶树，茶叶产量自此开始增长。

那些来自南方的干部经常聚在一起喝浓茶，告慰乡愁。他们的喝茶习惯在北方慢慢普及开来。特别是在票证时代，很多人虽然不会喝茶，但是分到了茶叶票，不买白不买，于是也就渐渐习惯喝茶了。在战火纷飞、物资匮乏的年代里，茶陪伴我们渡过了难关。

南方解放以后，这从北到南、从南到北饮冰茶的习惯逐渐融入了河内人的生活。我刚到西贡 ① 的时候，吃完饭后都会喝一杯免费的冰茶，不过现在有些地方点冰茶都要收费了。还记得先前，我西贡的朋友来到河内，吃完一碗热气腾腾的河粉，想要点一杯冰茶，却只有烫嘴的热茶。现在冰茶到处都有了。

　　如今，倒是那些街头巷尾卖饮料的大娘依旧泰然，一把茶壶、几张矮凳，还有放在角落里的水烟筒……仿佛"活化石"一般展示着配给制时期首都的生活方式。唯一不同的是，现在不仅卖热茶，也卖冰茶和各种外国香烟。当然，过去用来喝茶的瓷碗被玻璃杯取代了。玻璃杯喝冰茶倒是更合适，喝热茶就显得怪怪的，我每次都跟卖茶的大娘提，但她们不听我的。

---

① 编者注：西贡市于 1975 年改名为胡志明市，本书使用其旧称。

河内咖啡

对今天的很多河内人来说，咖啡是必不可少的饮品。正如有人说，中国茶是传入越南的中式饮品，那么咖啡就是传入越南的典型西式饮品。咖啡树起源于非洲国家埃塞俄比亚。据史料记载，在19世纪下半叶，咖啡树由传教士带入越南，在广平和广治两省种植。1870年，河南省的楚健修道院开始种植咖啡树，后来，宁平省的州山修道院、得乐省的潘周桢修道院也开始种植咖啡树。有研究人员认为，从这些修道院普遍种植咖啡树可知，咖啡成为越南普通百姓的消费品。

以前，只有城里人喝咖啡，农民几乎不喝。城里也只有中产阶级和知识分子家庭喝咖啡，普通劳动人民不怎么喝。到了20世纪50年代后期和抗美战争时期，咖啡在河内成为非常受欢迎的饮料，在所有的国营饮品店里都能买到。

20世纪60年代，走进河内的饮品店，可以点一杯滴漏咖啡，坐下来慢慢喝一下午。咖啡放在铝制的滴漏杯里，滴漏杯下放一个瓷杯，瓷杯浸泡在盛有热水的碗中。顾客围着桌子读报纸或者聊天，耐心等待滴漏杯中的咖啡一滴一滴落在瓷杯里，散发出令人沉醉的香气。

除了热滴漏咖啡，有一段时间河内人还喝鸡蛋咖啡，这种咖啡需要把鸡蛋和白糖混合打出泡沫。

后来，在紧张、匆忙、匮乏的战争时期，国营饮品店供应的咖啡也变成了"丝袜咖啡"。人们把咖啡粉放进大布袋里滤煮，被戏称为"丝袜"，煮好的咖啡先倒入铝壶，再倒给客人喝。那时，热的黑咖啡、去冰咖啡和牛奶咖啡（人们称作"棕咖啡"）是三大主打产品。由于物资严重匮乏，当时的冰咖啡杯是用再生玻璃制造的，质地粗糙、浑浊。喝热咖啡的杯子就是农村用的粗瓷茶盏，咖啡勺也是破破烂烂的，大多被故意凿得坑坑洼洼，免得被某些行为不端的客人顺手牵羊，更有些店用竹片代替铝勺，人们常称之为"船桨"。

河内有一些知名的私人咖啡馆。文人雅士常聚于此，每天早上也有生意人会到这里来谈生意，其中最著名的几家如秃头咖啡、仁咖啡、娉婆咖啡等。听说每家店的咖啡烘焙和制作都非常讲究，有的店甚至有令人称奇的独家秘方，比如有的在咖啡粉里加少许鱼露，有的加味精……但这些只是道听途说，并非我亲眼所见。

如今河内几乎每条街上都有咖啡馆，咖啡饮品花样繁多。咖啡馆里也卖茶、啤酒、软饮料等。喝滴漏咖啡的习惯依然保留，但不如昔日普遍。此外，现在市面上涌现了许多大规模生产、锡纸包装的速溶咖啡粉，只需兑热水冲泡即可。这类咖啡虽然方便，但河内爱喝这类咖啡的人很少。

我不甚了解南方喝咖啡的习俗，不知道究竟是河内人还是西贡人先有喝咖啡的习惯。1975 年后，我有机会去西贡，发现西贡喝咖啡的人好像比河内的还多，且喝法不同。西贡咖啡味道偏淡，和欧美人的口味相近，他们使用大滤布制作咖啡，有时添加其他配料，以冲淡咖啡浓郁的味道。河内的咖啡更加讲究，也更加醇厚。

炸春卷大小各异，馅料可以用肉末、海蟹、豆芽、苤蓝、胡萝卜以及红葱头做成，可以根据口味改变馅料……

河内冰激凌

　　不知冰激凌何时出现在越南或河内的。据说中国人是世界上最早发明冰激凌的，但河内冰激凌并非来自中国，尽管河内有长达千年的北属时期[①]。越南语中冰激凌的发音"kem"，来自法语单词"crème"，西贡人称之为"cà rem"。从发音就可以看出，河内以及西贡的冰激凌都是来自法国的。更具体一些，河内冰激凌的出现应该是在法国人在河内兴修电厂之后。河内地处热带，终年无雪。若想做出冰激凌，必须得有制冷设备，而制冷设备需要用电，因此河内冰激凌一定是在兴修河内电厂之后出现的！至于首家冰激凌店是哪家还有待考证，不过我听说还剑湖畔的 Zéphyr 冰激凌店是最老的，不知真假。

　　以前，冰激凌是城里人解暑用的特殊食品。在北方，只有在河内、海防、海阳、南定才吃得到冰激凌，其他地方是没有冰激凌店的。哪像现在，小贩们按着喇叭、提着冰激

---

① 编者注：北属时期指越南历史上被中国统治的时期。

凌桶，走街串巷，甚至到最偏远的地方叫卖。仅仅几十年前，冰激凌还是河内人的奢侈食品，整个河内城仅有寥寥几家冰激凌店。我依稀记得小时候的河内，顺化街和阮攸街的路口有锦平冰激凌店，八月电影院附近有红越冰激凌店，还剑湖旁边有水榭、龙云、红云冰激凌店，绕过火车道，从棉行街拐入冯兴街的方向有和平冰激凌店，阮太学路的文庙附近有飞蝶冰激凌店，谒骄街靠近美术大学附近有前达冰激凌店……

　　小时候家里穷，每天夹着书包上学，都要经过顺化街的晚市，在锦平冰激凌店的路口拐进阮游街，才能到光中小学。这家冰激凌店很高级，总是客满盈门，可我没钱去吃。店里的天花板上吊着 20 世纪初生产的、叶片漆成黑色的木质吊扇和意大利马瑞利牌吊扇——河内人常称其为"烟袋锅吊扇"，这些代表着那个年代最高级的东西呼呼地吹着风（过去河内没有空调，电扇已经算是较为奢华的物件了），墙上是冰激凌的价目表。我看到有双色和三色的蛋筒冰激凌，一种颜色代表一种口味：棕色是巧克力味，红色是草莓味，白色是椰子或牛奶味……冰激凌球是淋上粉红色糖浆的鸡蛋大小的冰激凌圆球。冰棒的口味有绿豆味、椰子味、扁米味、葡萄味、番石榴味、波罗蜜味、番荔枝味等。说起来也怪，冰激凌是西式甜品，但到了河内人手里就迅速被开发成多种口味。我料想在巴黎或伦敦，一定买不到扁米、绿豆、菠萝蜜或糯米口味的冰激凌吧！

　　后来，河内进入"勒紧裤腰带"建设工业化国家时期，人们提出口号"吃花生就是吃钢铁"（译者注：过去在越南，花生是出口商品），所有食品都短缺，白糖像黄金一样珍贵，只有病人才吃得到。于是，牌行街的红越冰激凌店开发出用甘蔗汁搅拌成的甘蔗冰激凌，既好吃又营养，还不需要用白糖。我也吃过几次这种既便宜又具民族特色的河内风味冰激凌，至今都无法忘记那股淡淡的、甜甜的冰激凌味道，这味道是属于那个时代的，是苦中作乐的味道。

除了那些高级冰激凌店，河内也有那种在学校门口或街巷中，主要卖给穷人家孩子的廉价冰棒。那种冰棒味道很淡，制作简单，冰棒装在一个水桶大小的圆形铁皮保温桶里，小贩带着桶四处吆喝。保温桶的内胆是双层玻璃的，外层有镜面似的涂层，内层的青碧色十分晃眼，打开桶盖能看到插着竹棍、摆放得歪七扭八的粗制冰棒。那时候还没有专用的白色泡沫箱。有些孩子围在人群周围，等着捡拾别人随手丢在路上的冰棒棍，带回家洗干净，再卖给冰激凌小贩。无论是在电车上还是在车站、街巷，常能听到叫卖声："冰激凌来啦！冰激凌来啦！""一角钱两支！一角钱两支！""两角钱一支！""谁吃冰激凌呀！""半张纸币一支！"

那时，破到只剩一半的纸币是可以用的。两角的纸币若被撕成两半，每半值一角，说起来也挺有意思的。

这种廉价冰激凌多产自手工作坊。不知从哪道听途听说的，米市有个兴安省美豪市的老板，专门做冰激凌给小贩上街叫卖。

河内还有一种叫结糕（译者注：源自中国广东话发音）的冰沙。不知道为何叫这么个怪名。贩卖这类冰激凌的多是中国人，他们把冰激凌桶放在一个四轮车上或挑在肩上，走街串巷地叫卖"结糕……结糕……"每个炎热的盛夏午后，叫卖声都会响彻街头巷尾，吸引了许多穷人家的孩子。

冰激凌桶是用厚铁皮做的，外面套着一个盛满冰的圆木桶。小贩挑着桶，找到一棵大树，在大树底下放下大桶，敲碎混着盐的冰，倒进木桶与铁桶间的空隙中，紧紧压实。桶中间有个轴连着桶盖，他们将白糖调入柠檬、菠萝等果汁中，再用力转着冰激凌桶。果汁被桶外面加了盐的碎冰一激结成冰霜。没多一会儿，一层雪花一样的果汁结晶就从冰激凌桶上落下，这种冰沙状的冰激凌就可以卖了。

我曾在还剑湖边站了几个小时，就为看那些卖冰激凌的大伯转冰激凌桶做结糕。不知道他们能赚多少钱，但他们制作这种冰激凌真的非常辛苦！

后来，各种冰激凌店如雨后春笋般出现，结糕几近消失，可能只有乡下的菜市场才能找得到了。

美国轰炸越南时，城里的男女老幼都被疏散到城外，河内人口骤减。每次回趟河内采购粮油米面，人们都要去四季冰激凌店、长钱冰激凌店或者制冰厂后面的石灰街车站，一口气买六七根冰棒过过嘴瘾，一解乡愁。那些被疏散的小孩只盼着放假随父母骑车几十千米回到河内，吃上一口冰激凌，然后再跟着父母一起驮着鱼露、盐、油、大米匆匆忙忙地返回疏散点。

　　如今河内的冰激凌店很多，冰激凌店还推出各种促销、抽奖活动。但为何我还心心念念艰苦时期吃到的那种廉价冰激凌？那时候虽然艰苦，经常挨饿，但回想起来却万分亲切。

供不应求的啤酒

我从祖母和母亲那里接触到了端午的"吃酒"文化，而喝啤酒，则是祖父带我体验的。

河内一进入夏季，天气就闷热得骇人，令人倦乏。看到天空布满乌云，祖父忧心忡忡地说："看样子河上游的雨水量一定很大，这般闷热就是要发大水了。"如他所说，一两天后，褐红色的河水顺流而下。住在蔡河河堤边的人为了躲避洪水纷纷撤离到钹古地区。当天气热得让人疲乏、喘不上气时，祖父就叫我随他去街头，一起喝口啤酒。

当时，在陈春撰路和诗索路的交叉口、蓝山私立学校的旁边，有一个七伯开的小冰饮铺子，这个铺子就开在人行道上，铺面方正，面积约 16 平方米，四面木墙漆成蓝色，上面盖个铁皮屋顶。以前在还剑湖畔的鼓行街，随处可见这样的冰饮铺子，铺子售卖酒水、冰柠檬水、椰子汁，以及糖果、糕饼等各类食品。店主在路边摆着小藤椅、布板凳，客人们猫腰坐下，悠闲地吹着风、喝着东西，看街上人来人往。过去河内人口还不多，这样的摊铺可以光明正大地开在路边和街角，在路边摊吃喝是河内人的生活乐趣之一。

我的祖父没有酒瘾，只有当天气潮热憋闷时，他才会叫一杯啤酒，慢慢小酌一口，缓解闷热。我跟他一起去只是为了解闷罢了，哪能真的喝。当然，啤酒只要了一杯，杯子要了两个，我的是一杯冰块，祖父会给我匀一点点啤酒。世上哪有自己去喝酒的人！或许正是考虑到这点，祖父才领着我——他的嫡孙一起去。

我第一次喝的是1954年以后进口到河内的正宗捷克啤酒。啤酒装在一个小小的绿色玻璃瓶里，瓶颈包着银色的锡箔纸。后来去捷克时，我还看到当地有卖这种啤酒。在那里，每一种啤酒的风格、品牌和原料都像饮食文化中的瑰宝一样，被世代相传。

老实说，我第一次尝到啤酒，感觉是怎么这么苦，啤酒刚入口就差点被我吐出来，幸好我没有在祖父面前失态。后来慢慢就习惯了，我能把祖父给我倒的啤酒都喝光，神奇的是，啤酒虽然有点苦，但有股柔和的香味。长大以后，我变成了那种非常爱喝啤酒的人，也热爱啤酒文化，当然若是几个月喝不到也不觉得有什么。我喝啤酒不上瘾，但非常陶醉于啤酒带来的气氛。一起喝啤酒的以朋友居多，与朋友共饮，为朋友而饮，有时候还会同朋友在酒桌上吟诗作对。

祖父说，过去河内黄花探街上有一个法国人建的 Hommel 啤酒厂。当时出售两种啤酒，一种是黄色瓶口的，另一种是白色瓶口的（瓶口处用颜色不同的锡箔纸包着），这两种酒的浓度不同。卖啤酒和橘子汽水的罐车就停在邮局附近的志灵花园旁边，罐车漆成金黄色，上面画着一个红虎的商标。人们骑车路过这里，停下买一杯，靠在自行车上喝。

据说当时考察了很久，法国人才确定黄花探街至玉河街附近的水源适合酿啤酒。水质是酿造啤酒最重要的因素，即使有优质的大麦和啤酒花，以及现代化的生产设备和工序，但水质不好也不行。

过去，法国人酿造啤酒主要为了服务上流社会，普通河内百姓几乎没有机会喝啤酒，大多数人都不知道啤酒是什么。

20 世纪 50 年代末，在原来黄花探街的法国啤酒厂的基础上，河内啤酒厂诞生了。为了服务河内市民，啤酒厂在各处都有代理，以 3 角钱一杯的配给价出售。代理将啤酒从酒厂直接灌入 50 升的铁皮圆柱酒桶，桶上有个欧式龙头，柜台上的人就用这个开关给客人打啤酒。柜台旁边还有二氧化碳气瓶，往啤酒里打气，好让啤酒更凉、产生更多啤酒泡。除了鲜啤，啤酒厂还生产竹帛牌和友谊牌瓶装啤酒。

啤酒刚普及的时候，很多河内人对它很陌生，那些解放以后来到河内生活的人也不熟悉这种饮品，只有公务员和长期生活在城市的人偶尔喝啤酒。刚开始，啤酒铺真可谓门可罗雀，店里不得不想方设法将生产出来的啤酒卖出去。有的在啤酒里掺糖浆，让味道变甜，更容易入口，或者直接搭配一碟白糖卖。嘉林有家冷饮店甚至直接在啤酒杯里放一根冰棍，不知道为什么我的朋友们管这种冰棍啤酒叫"雪糕春"。

只用了很短一段时间，河内人就接受了这种外来饮品，啤酒开始广受大众喜爱。那些最早接受啤酒的群体可能是体力劳动者和文艺工作者。文艺界的人常聚集在一起围着啤酒桌讨论文章与世事。河内歌剧院旁边的古新酒馆、阮廷炤街上的虎笼酒馆就曾是阮遵、阮创、梅文献等一众颇具名气的文人、艺术家经常出没的地方。

后来，喝啤酒的人越来越多，啤酒变得供不应求，越来越难买到。为了买一杯啤酒，人们常要排两三百米的队，负责维持秩序的工作人员身材又矮又胖，他手里的扩音器不断放着提醒的话：

要买啤酒队排齐，

不要加塞不占地，

发现破坏秩序者，

坚决请出不姑息。

买啤酒的人太多了，人们想了许多方法来维持秩序，防止投机倒把和倒卖啤酒的行为。最后人们发明了一种防止插队的好办法：在铝制硬币的中间凿个洞，用铁丝将硬币穿成串，用硬币代替售票窗口中的纸票。一个硬币只能买一至两杯啤酒。排队的人一个贴着一个，手里攥着硬币，排上一个多小时，终于轮到自己了，于是怀着满心兴奋和渴望，开始享受手中这两杯啤酒。

如今，来河内的人可以轻易地发现当地人的饮酒偏好——鲜啤。满街都是鲜啤馆。到我写这篇文章时，河内可能依然是越南鲜啤产销量最大的城市，外地人似乎更爱喝瓶装啤酒。

　　随着啤酒市场的日益丰富，除了本土品牌，还出现了很多合资品牌。这使得消费者的选择越来越多。但有一点，河内的鲜啤馆仍非常守旧，就是依然使用几十年前那种粗陋的玻璃杯。这种杯子是用再生玻璃做的，玻璃中充满了气泡杂质，看起来充满原生态气息。有一次，我带一位美国朋友逛街，在歌剧院附近的啤酒馆坐下来。美国朋友喜欢收集啤酒杯，他拜托我给他弄一个河内鲜啤杯来。据他说，这是世界上独一无二的杯子。最终，酒馆老板娘送了他一对杯子留作纪念。

啤酒杯的故事

　　生活在信息时代的河内人，已经习惯了可视化信息。为了给河内寻找一个有代表性的标志，河内举行了设计大赛，最终选用奎文阁作为具有千年历史的古都河内的象征。为越南饮食俱乐部选择标志时，我们选用了古老东山文化中的泥锅。那么河内饮食的标志是什么呢？河内餐饮公司曾经选用的标志是一只杯子和一个冒着热气的碗。可能这位设计者想表达的是河内的鲜啤杯和河粉吧？

　　河粉，其魅力不言自明！众多河内美食家对河粉在河内饮食文化中的深厚特色极尽赞美。那鲜啤呢？啤酒无疑是舶来饮品，但在如今的全球化时代，没有哪个国家敢把啤酒当作本国独有的。河内人也可以自豪地说，鲜啤是富有河内特色的一种饮品。人们常说，越南农民具有和地瓜、木薯一样淳朴、善良的性格。实际上地瓜和木薯不是越南的作物，而是从美洲来的。这样看来，说鲜啤是河内饮品又有什么关系呢。再说，世界上恐怕没有哪个地方像河内这般久久钟情于一种啤酒杯。

　　大概十年前，我的美国友人杰弗里来河内工作。他是一位著名的古生物学家，也是啤酒鉴赏高手。工作之余，我们一行人去河内歌剧院附近喝啤酒。据他所言，河内啤酒酒香特别，不亚于世界上任何一种啤酒。但河内的酒馆里还有一样别处没有的东西——一种淡绿色的玻璃啤酒杯。这种杯子拿在手里很沉，表面具有粗糙的颗粒感，就像冷凝结成的水滴。透过杯子，可以清晰地看到白色的啤酒泡不断从杯底冒起，聚集在杯口。杯壁很厚，不必轻拿轻放，随意碰杯也不怕摔破。杰弗里幸运地得到老板娘送的一对河内啤酒杯，他将杯子带回美国，和他各地收集的数十个啤酒杯放在一起。直到现在，他还为收集到这种独特的杯子而感到自豪。

在巴黎的时候，朋友们知道我是河内人，爱喝啤酒，就邀请我去一家平民酒馆喝酒。我建议找一家有鲜啤的酒馆（当时我以为瓶装和罐装的啤酒更贵，况且我更青睐鲜啤）。到了酒馆，才惊讶地发现，像很多国家一样，法国的鲜啤同其他的啤酒相比，即便品牌相同，价格也是最高的。瓶装和罐装啤酒便于携带、易储存，价格更便宜，但味道不比鲜啤好。接过酒水单，我发现这间酒馆售卖世界各地的各类鲜啤，让人眼花缭乱，价格与越南鲜啤相比则贵得离谱。我真想尝尝每种啤酒味道如何。有趣的是，酒保会用不同的酒杯为客人斟啤酒，每种酒杯都有其独特的品牌标志和款式，甚至使用的杯垫都印着啤酒品牌的标志。原来在这里，啤酒杯就相当于啤酒的招牌。只看酒杯，你便知道喝的是什么牌子的啤酒了。还有一件有意思的事，酒保倒酒的方法很讲究，酒保把啤酒倒入杯中，当泡沫升到杯口时，便用一个刮子刮平泡沫，等泡沫散了再继续倒啤酒，直至杯中盛满酒。

原来啤酒在每个地方的喝法、卖法，甚至连酒杯都不尽相同。不要说越南与美国、法国的差异很大，就连河内人与西贡人喝酒的方式都有不少区别。如果再细致些，你会发现河内大小酒馆里所使用的酒杯，同样能带来意想不到的惊喜。因此，我才想要挖掘一下河内啤酒杯的渊源。

玻璃杯什么时候出现在越南的？河内这种杯子又是从哪来的？

不懂就问。于是我给陈国旺教授打了电话："教授，越南语'杯子'（cốc）这个词从何而来？"

陈国旺教授答复："噢，那是从英语'cup'这个词来的，18世纪由西方传教士引入。"

其实，我也想到了英语的"cup"或者"cocktail"，但不敢断定。因为越南主要受法语影响，受英语影响较晚。喝茶或咖啡用的杯子就是来自法语"tasse"一词。法语中玻璃杯是"verre"，按说越南语借用法语词，则应称杯子为"ve"，为何是"cốc"呢？

我又拨通了语言学家李全胜的电话。

他对这个突如其来的问题感到意外。他说："我不太确定。我猜这个词可能源自汉语，可以咨询一下这方面的专家王禄。"

王禄说："'杯子'这个词不是从汉语来的，可能来自西方词'cup'，越南本土只有'chén'（译者注：chén，越南语中指杯子、碗、盅等盛器）这种说法。"

我曾经问过阿春，她是芒族人，祖籍和平省，她说在芒族话中，也是用"chén"来指代酒杯、水杯等。

再次和李全胜探讨，他劝我："你试着查一下葡萄牙语词典，那个时期来到越南的传教士都说葡萄牙语。"

但要去哪儿找越葡词典呢？我突然想到研究龟类的动物学教授何廷德，他曾经在安哥拉工作，会说葡萄牙语，他应该知道。

我打电话给他，由于电话来得太突然，他犹豫着说："太久没说葡萄牙语了，忘得一干二净。我查查字典，找到了给你回电话！"

几分钟后，我得到了回复："有了！杯子在葡萄牙语中是'copa'。"

从各位专家那里收集到各种意见，这不是一件容易的事。尽管每个人的答案不尽相同，但我还是要尝试着将大家的意见进行整理，尽量做到详尽清晰。

越南语中的"杯子"一词源于欧洲，不是越南本土词汇，亦非芒族语言（根据陈国旺教授和芒族阿春的说法）。

玻璃杯是 18 世纪由传教士带到越南来的（陈国旺教授）。

首先来到越南的传教士是葡萄牙人，使用葡萄牙语（李全胜教授）。

葡萄牙语中杯子是"copa"（何廷德教授）。

我暂时提出如下假设：玻璃杯最早进入越南人的生活和文化是在 18 世纪，起初可能由葡萄牙传教士传入。葡萄牙语中杯子是"copa"，越南人取其谐音"cốc"。

后来，河内人口中的"杯子"就专指用来喝啤酒的这种大玻璃杯，与喝汽水、喝茶的小杯子区别开来。

我成长在河内的一个普通家庭里，从小家里就有玻璃杯，家里的玻璃杯随着年月更新迭代。20 世纪 50 年代，家里只有一两只又矮又厚的玻璃杯，用来喝凉开水。我父亲有一套杯口饰有金边的水晶杯，一共六只。这套杯子主要摆在柜子里作装饰，偶有贵客上门才拿出来用，在夏天用它们沏上些冰柠檬水，拿给客人享用、解暑。

到了 20 世纪 60 年代，河内出现很多种杯子。很多是通过熔化碎玻璃重新塑造的再生玻璃制品，比如油灯瓶、通风管、墨水瓶等。这种廉价的玻璃制品多在北过市场等地批发销售。其中值得注意的是，有一种杯型高挑、上宽下窄的玻璃杯，杯身有纵向条纹，靠近杯口的部分比较光滑，杯子的玻璃呈微微发白的淡绿色，里面充满了气泡。当时路边摊贩常用这种杯子装甜鲜茶或是黑凉粉、白凉粉，这可能也是河内用来装鲜啤的酒杯的前身了。

二十世纪七八十年代，越南人去国外的机会多了，很多捷克和苏联货被带到越南，包括各种各样的杯子。后来，中国生产的用厚玻璃制的带杯把的啤酒杯，还有各种塑料的、搪瓷的杯也陆续出现在越南市场上。奇怪的是，那些实用、好看、适合装啤酒的杯子似乎没有被河内啤酒市场接纳。人们还是更钟爱这种最"古老"的、粗玻璃制的、容积非常有限的啤酒杯。

如今，河内啤酒种类繁多，但特色啤酒杯没有随时间而

有一种杯型高挑、上宽下窄的玻璃杯，杯身有纵向条纹，靠近杯口的部分比较光滑，杯子的玻璃呈微微发白的淡绿色，里面充满了气泡。

远去。人们如今还保留着使用这种粗陋啤酒杯喝啤酒的习惯。

有人开玩笑说："这不就是人们说的'旧瓶装新酒'嘛！虽然啤酒种类不断更新，但是盛啤酒的杯子依旧。这杯子不正是河内饮食文化的特色嘛！"

当然，万物存在即合理。我也因此试着找出这种啤酒杯在河内人手中沿用至今的合理性。

是的，啤酒杯必须大。没有谁像饮茶、喝咖啡那样小口细品地喝啤酒，也就没人会用小杯子喝啤酒，所以，大号杯子才是喝啤酒的标配。

喝啤酒得有好友、有气氛，要不停举杯、碰杯，怎么能用那种轻薄易碎的杯或是轻飘飘的塑料杯？必须用大玻璃杯才能尽情碰杯啊！

鲜啤要喝冰的，没有比厚实的大玻璃杯更合适的了！

鲜啤杯使用再生玻璃，如果不小心打碎了，还可以反复再造，不必担心造成环境污染，比那些难以分解、无法再生的材质要好得多。

鲜啤杯造价低，不慎打破了也没什么损失，开店的老板自然喜欢用。

还有一个貌似非常合理但又非常不合理的现象，坦白说这种鲜啤杯既大又小。这玻璃杯看着大，但是杯壁厚，没什么造型。你肯定吃过酸肉、元麻糕吧，它们看起来大，但剥了外皮，馅料只有小小一块。人们都喜欢大的，餐厅自然就做大些。鲜啤杯也是如此，看起来很大，但实际盛不了多少啤酒。你若不信，就试试吧！

这些正是河内啤酒杯历经变迁而存续至今的合理性所在。当然，最后一点似乎对商家而言合理，而对我们啤酒爱好者来说，这一点也不合理。虽然不合理却一直被沿用，简直是违背了事物发展的规律。

噢，沉浮六十载，河内啤酒杯的故事值得玩味。

河内饮酒二三事

我能喝酒，但只是偶尔小酌。虽不敢称擅于品鉴，但也曾道听途说过不少关于河内酒的故事。况且我还在扶董天王街生活了近30年，这附近有河内最大的酒厂。

悲欢纪念

我舅舅说，我的曾外祖父是河内黄梅村最好的酿酒师。曾外祖父虽年事已高，但身体硬朗、头脑清晰。在我小时候，曾外祖父要是想儿孙们了，就会戴着斗笠，从村里走路到晚市后面的扶董天王街来看望我们。他八十多岁的时候，牙没松，还能成天嚼槟榔。他给我们讲过很多过去的故事，还有宋珍菊花（译者注：越南民间故事，被改编为多种戏曲）的故事。这些故事他都记得烂熟了，他声情并茂地讲述每个细节，像文学课老师一样，令我们着迷。然而他从来没讲过自己酿酒的事，我们也从未见过他饮酒。他酿酒的手艺还是后来我听舅舅和母亲讲才知道的。

与曾外祖父不同，外祖父常喝酒，但没有酒瘾。他每顿饭都给自己准备一小壶白酒。每当家里祭拜时，他总是自己一人一席一壶酒，下酒菜是两个鸡腿，全家人都开玩笑说那是他的"落锤"。他边喝边给我们讲故事，多是那些已经离世的人的往事。

外祖父说，过去黄梅村人除了种地，主要还从事两种职业，一是酿酒，二是做豆腐。过去河内人最钟爱的下酒菜，就是我们村做的豆腐，这种豆腐做成比两个火柴盒略大些的块，或煮或烤或炸，蘸着虾酱，就着九层塔等香叶吃。直到现在，这种豆腐还有，河内菜市场里还能听到人们说的黄梅豆腐，而它们仍然是由过去黄梅村做豆腐行当的后代亲手制作的。当然，如今黄梅村已经并入河内的二征夫人郡。豆腐依旧在，但现在没人提过去著名的黄梅村的酒了。现在提到土酒，河内人首先想到的是北宁省廷榜、云村的酒。还有一种越南的民族学博士叶庭华给我喝的酒也不差。他说那酒是家传的，是他学生替他在文典地区订购的。问他具体在哪里酿造的，他就笑而不语。虽不是对我保密，但他没急着回答我的问题，这也算是他保护"版权"的一种方式吧。他常开玩笑说："这怎么能说呢！"但玩笑归玩笑，他当然不会真的对我们保密。

叶庭华教授是鉴酒专家，酒量也好。他家里收藏了各类好酒，有苗族村的玉米酒，还有鹿筋酒、虎骨酒、熊胆酒、蛇胆酒、壁虎酒，这些泡酒的药材都是他多年在深山老林中摸爬滚打，从少数民族同胞那里寻到的。每当高兴时，他就叫来当年同在历史系的同学去他家里喝酒。这些老同学们如今已经各有各的身份和职务，但每次去他家聚会都仿佛回到从前。有时候他也邀请陈国旺教授。我也去过几次。我酒量还行，但不敢久留。我家里人信教，不喜欢喝酒，所以我不能半夜酒气熏天地回家。似乎不喝酒和不好酒的人很难理解爱酒之人。人们说饮食文化和相处之道都要懂得包容，但是在这两种人之间，似乎很难做到。著名的解剖学专家阮光权在世时曾经跟我说："我不跟不喝酒的人一起玩，大家都兴致勃勃地喝酒，唯独有人不奉陪，还把我们的酒后真言散播出去，还有什么比这更扫兴的。"

不过这话只是喝酒时这么说说而已，因为我看到阮光权教授还是经常和不懂酒或是不喝酒的人在一起玩。后来我们定了一个规矩，每次阮光权教授从南方回来或是出远门归来，我们都要在阮文成教授位于南门市场附近的家里小聚，喝酒唱歌。张兄和继业兄都很擅长唱戏，他们是喜欢唱也唱得好的诗人和记者。阿成哥年纪大了，牙都掉了，但几口酒下肚，就又变回抗法时期的药科学校学生的样子，歌声高昂。阮光权的胞弟阮光道，是在法国生活了几十年的著名科学家，仍然可以在酒桌上吟诵阮偌法的诗《香寺》。阮辞之以前也嗜酒如命，但那会儿他身体不太好，和我们一群年轻人去酒馆，他只点一罐可乐，再要一碗含龙教堂门口卖的鳝鱼河粉，和我们坐在一起，谦和地与我们谈天说地。阮文成教授的酒量也很好，他爱好喝酒，也喜欢工作、喜欢交朋友。我记得有一次，已经晚上十点半了，老革命家陈越州突然中风了，阮文成教授不顾自己年老体弱，和黎家荣教授二人骑着自行车赶去抢救。陈越州血压高，喝不了酒，但每当有朋友来家里，他都拿出酒招待。唉！辞之老、越州老、光权兄、阿张兄、文成兄都已不在了。喝得多的、喝得少的、能喝的、不能喝的，都已经走了！

光权兄在西贡出车祸去世的那天，我们正聚在曾拔虎路一家餐厅院子里的树下。以前几乎每次光权兄来河内，我们都会在这里聚会。我们想借酒浇愁，忘记悲痛，但怎么也忘不掉。就这样失去了一位老师、一个兄弟、一个知己、一个酒友，多么令人难过、令人迷惘！那天，陈国旺静静地坐着，思念着从年轻时就相伴左右的挚友。突然他站起来，把啤酒杯砸向树根，那里插着不少拜祭树神的烟。光权兄被命运带走的那天，我们在河内就这样送别了他。

"酒倒好了，可谁来喝呢！"

直到如今，我都没来得及问叶庭华教授那文典地区的酒究竟在哪酿造、如何酿造的。文典现在已经属于河内郊区了。从我老家黄梅村到文典只有几千米的距离，文典酒还在民间流传，但黄梅村酒早已销声匿迹了，不知它是否已经失传了，也不知村里是否还有手艺人知道闻名一时的黄梅村酒的酿造秘方？

有一次，父亲把我送回黄梅村看望堂叔公（我父母都是黄梅村人）。堂叔公不仅是酿酒高手，还喜欢喝酒，酒量也好。那时，越南禁止私自酿酒，但是他太馋了，想自己酿酒，便不知从哪找来了一个巨大的玻璃瓶，这是过去酒吧里用来展示香槟的大酒瓶，看起来比一个三四岁的孩子还高些。他把酒发酵好以后，想用这个玻璃瓶来蒸馏。他认为这玻璃瓶又大又厚实，是极好的蒸酒器，他还非常自满于自己独特的创意。哎！哪知刚开炉没几分钟，玻璃瓶就爆炸了，火星满屋子飞溅，堂叔公被严重烧伤。我去看望他的时候，他刚从圣保罗医院回来，浑身缠着绷带，得卧床几个月才能康复。他既得花钱治病，又因私自酿酒被罚款。此后，他绝口不提酿酒的事了。现在，我曾外祖父和堂叔公这两位黄梅村著名的酿酒好手都已经撒手人寰多年了。若是我当年多点好奇心，或许多少能知道点当年村里这远近闻名的佳酿的酿造秘方。

酒司、国营酒、国逃酒

祖父说，过去河内人都喝从黄梅村买来的酒。后来，法国人在铸炉街建了一个酒厂，那会儿酒厂也叫酒司，垄断经营河内的酒类生产销售。那时候，所有酒品经销商的牌匾上都写着"RA"（Régie Alcool）的字样，鸦片商铺门口写的是"RO"（Régie Opium）。法国殖民者用酒精和鸦片毒害我们的人民，他们从无数困苦越南家庭中获得了巨额利润。我舅舅说，过去男女成婚要向村里纳礼。可以缴纳的东西有很多，包括100块用于建筑的砖，而且按照殖民政府的规定，新婚夫妇办理结婚手续必须出示从酒司那里购买的整箱十瓶枫丹酒收据。那时候，私自酿酒不仅会被重罚，还有可能坐牢，所以人人都怕。还有人把酒糟或者酿酒器具偷埋在别人家，然后举报，诬陷他人。可能这是私酿酒消失的原因。也是从那时开始，民间开始流行一种酒，它不是由西方酒厂生产的，是私酒。

这种在河内市场上偷偷买卖的私酿土酒，因为要逃避国家盘查，所以被人们叫作"国逃酒"。

1954 年北方恢复和平后，法国人的酒厂被阮公著街上的一个酒厂接管并继续生产。这家酒厂有一个高耸的烟囱，酒厂外围一直延续到和马街。我家就在酒厂后墙外边，每当酒厂开始发酵酒曲，一靠近那片区域便能闻到一股奇怪的、令人迷醉的香气，那就是酒曲发酵的味道。有时候热酒糟还会散发出一种微微的酸味。酒糟从阮公著街旁边的一个大管子里排出，有人拉着牛车，驮着铁桶，将它拉去农村喂猪。牛车慢悠悠地走，边走边冒热气，如今这番景象在阮公著街已经不见了。我没机会进酒厂，但我知道这是河内最古老、规模最大的酒厂，直至今日还在。

这个酒厂后来还酿酒，只不过不是洋酒了。那些"RA"牌匾终于可以消失了。从那时起，我们的酒有了一个新名字——"国营酒"。因为那个时期粮食供应紧张，所以禁止民间酿酒，但是在农村和山区还是有人偷偷酿。酿好的米酒、木薯酒装进猪肚，卖私酒的妇女把鼓胀的猪肚绑在自己的肚子上，带到河内去卖给酒鬼们。也就是在那时候，为了区别国营酒，河内人称农村私酿的酒为"国逃酒"。都有"国"字头，但这种偷酿的酒可谓种类万千，有在灶台后面酿的，有在院子里的柴火垛里酿的，甚至有在猪圈里酿的。酒贩在偷运私贩这种酒时也是百般躲藏，就像田边的野鸟一样，一旦察觉有生人就立刻逃走。这正是为什么越南人也称国逃酒为"鸟散酒"。尽管现在已经不限制民间酿酒了，人们还一直记得这个叫法。

新麦酒是在越南国营酒厂酿造的一种国内外颇有知名度的白酒。这酒使用糯米酿造，后来又研制出同样用糯米酿造的新糯米酒和扁米酿两种酒。那时候，河内人如果出国，就会带一两瓶新麦酒当作礼物，赠给远方的亲朋好友，这种酒非常受西方人欢迎。

河内的洋酒

河内人习惯把欧洲和美国的酒称为洋酒。但过去在越南生产的法国酒不在洋酒的范围里。河内是什么时候有洋酒的？是法国殖民者带来的，还是牧师或欧洲商船带来的呢？这仍然是一个待解之谜。

越南著名的讽刺诗人秀昌在《儒字》里写道：

百无一用是儒生，
举子贡士无人请。
但使谋差总督府，
晨饮牛奶暮香槟。

牛奶和香槟都是真正的洋饮料，过去我们老百姓从来没喝过牛奶和香槟。上面的诗句或多或少表明，这些为法国人工作的越南人可能把这些洋饮料带进了河内人的生活。

我询问过曾受雇于西方人的河内人，他们当中有很多人不喝洋酒，过去洋酒只是法国人和越南上流社会人的饮品而已。听说当时在河内喝洋酒的方式也是法式的：人们喝法国红酒、香槟、40°的君度甜酒；方酒瓶里散发着橘皮或佛手皮萃取出的味道；绿色的薄荷酒，喝的时候要加冰；纯净的法国茴香酒，加入水后慢慢变成乳白色，香气特殊。法国茴香酒因加入越南谅山边境地区的茴香精油而闻名于世。1954年以后，由于无法像以前那样加入这种原料，导致法国茴香酒声名远不如从前，为此，法国人专门与我们合资，在谅山建蒸馏厂，为茴香酒生产原料。法国干邑在河内也是高级饮品。过去在河内吃西餐的时候，人们常用马天尼做开胃酒，配餐饮红葡萄酒或白葡萄酒，餐后饮香槟。我听很多老人家说，过去伏特加和威士忌在河内并不流行。

解放初期，河内也出现了一些洋酒馆。我记得1954年后，长钱街有一家酒吧，有吧台和几个高脚凳，墙上挂着车轮、船舵那样的装饰，奇怪的是酒馆里没有人。恢复和平以后不久，这酒馆就关门了。自那以后，我再没在河内见过专卖洋酒的酒馆了。直到后来，偶然在一些贸易商店里才能看到有洋酒卖。

过去，有机会出国留学或出差的人常将威士忌带回来作为礼物，河内人称之为"红方"或者"黑方"。西方人喝威士忌用矮方形玻璃杯，而不用高脚杯，他们称为威士忌杯。

河内人以前喝威士忌的方式跟喝白酒一样。我的朋友从外国回来，带了瓶威士忌，请我们去喝。有高脚杯最好，没有的话也可以用瓷杯、瓷碗，就着拌菜、扎肉、鸡肉丝吃。

就这样，洋酒加土菜！挑剔的人会说，这样乱吃太粗鲁。但喜好民间风味的人会说，这是饮食文化的交融！

我讲了这么多，是为了记录下过去的河内人，包括我自己，还有我的友人，我们是如何饮酒的，免得日久时长就变成了遥远的传说。

祖母的糯米酒

如果问我什么时候开始饮酒，我可以坦然回答：从四五岁开始!

小时候，每到农历五月初五端午节，早上醒来就会听到街上"谁要糯米酒……谁要糯米酒……"的叫卖声。母亲会叫卖糯米酒的大婶进来，给我们兄弟姐妹几个一人买一碗。糯米酒要用一种特殊的小浅碗装，吃糯米酒用的是尖尖的筷子，只比织毛衣的针尖大一点。大婶揭开盖糯米酒桶的鲜荷叶，翻搅着给每个人舀了大半碗的酒糟，然后浇上些浑浊的酒浆。酒糟香气诱人，每一粒糯米都已经完全发酵并显现出象牙色。我吃得很慢，把米一粒一粒地放进嘴里，充分感受这甜甜的、麻麻的、辣辣的浓郁味道，感受着一年只在这一天因驱虫才能吃到的味道。人们相信，五月初五一大早，吃糯米酒和绿色水果就能杀光肠道里的寄生虫，所以这一天也被称为"驱虫节"。我母亲也要吃一碗，她还从卖酒的人那里提前预订一瓶原浆酒，留着慢慢喝。这种原浆酒黄澄澄的，非常浓稠，像鸡油一样，瓶底还泛着小泡。母亲往酒瓶里添了些白酒，再用干香蕉叶堵住瓶口，这样可以存得更久。

民间有种说法，妇女分娩后喝糯米酒可以补气血。所以儿媳妇怀孕，当婆婆的都要提前准备一坛糯米酒。糯米酒连酒糟一起存放在罐子里，里面再浸泡一些鸡蛋、几两红枣和一点白酒。罐口用干香蕉叶包上稻草堵紧，再撒上石灰封严，放置在家中干燥的角落或埋在土里。埋之前，人们用黏土再次密封罐口，防止时间长了有水渗进去。从坐月子开始，产妇要在餐前喝一杯糯米酒，这样能快速补气血，增加奶水。这都是祖母告诉我的。

所以从小祖母和母亲就已经让我喝过酒了，但祖母和母亲不知道那是喝酒。对她们来说，这种酒是产后或换季时必要的补品，喝一些能舒筋活血罢了。

母亲从没有自己做过糯米酒，但祖母却是个酿酒高手。上了岁数后，祖母与我们住在一起。有一次，端午临近，她买回糯米和酒曲，准备给全家人做驱虫的糯米酒。往年端午，母亲只给我买一小碗糯米酒，每次吃完都意犹未尽。这次祖母自己酿，我们兄弟姐妹几个就可以吃个痛快了。有人劝祖母，自己费力酿酒干什么，直接叫卖酒的来就是了，想买多少都有。祖母说："我已经老了，等我不在了，不知道家里有没有人像我一样酿酒呢？"我们几个孩子都争相给祖母打下手，好奇地学着糯米酒这种只曾吃过、未曾做过的奇妙饮品的制作手艺。

用来酿酒的糯米只需去稻壳，不去麸皮，这种米被称为籼糯米。籼糯米呈不透明的金黄色，有一种特殊的香气。要先用蒸锅把糯米蒸熟。祖母说，若想这糯米软嫩多汁，蒸了一次后要把糯米取出，过一遍凉水后再上锅回蒸。蒸好后的糯米要拨散，摊在竹篮盘上放凉。

酒曲是灰白色的，上面甚至黏着几颗蜘蛛卵大小的霉菌。祖母把酒曲捣碎，与放凉的糯米均匀地揉在一起。我问祖母："酒曲是什么？"祖母说："哎哟，我也不知道，听说是用很多种草根混合中药和越南本土草药制成的。"长大后，利用自己走南闯北的机会，我想尽量为这一直困扰我童年的疑问找到答案，但哪有这么容易！每个地方的酒曲秘方不尽相同，酒曲在很大程度上决定了酒的品质。尽管有人认为山区的酒曲味道呛，但爱喝酒的人则称赞其香浓。每个人对此都有自己的观点。

酒曲和糯米混好后，祖母将其倒入垫着干香蕉叶的笸箩中，然后用香蕉叶盖严，她说："在乡下，人们常用榕树叶或荷花叶垫糯米，这样做出来的糯米酒香气独特，但城里买不到这些叶子。"最后，祖母将笸箩放到一个瓷盆里。瓷盆用来接住糯米发酵后产生的汁水。这个神奇的酿酒过程就完成了。后来我才知道，这一奇妙的变化实际是酒曲将糯米淀粉转化成酒精的过程，是一个非常复杂的化学过程。

我们急切希望见证将要发生的变化。我真想掀开香蕉叶看看祖母酿的糯米究竟产生了什么变化，但又不敢。祖母说要是有人掀开香蕉叶，酒就坏了，不能驱虫了！

两天两夜后，祖母神奇的笸箩里开始散发出诱人的香气，令我们更加焦急地期盼着五月初五的清晨。

这一时刻终于到来了。端午节清晨，我们早早就起床。为了驱虫，祖母分给我们一人一个青李子，母亲又给每人一块西瓜。当然，最重要的"节目"是祖母打开糯米酒。已经变色的香蕉叶刚被掀开，一股浓郁的酒香就在屋里蔓延开来，笸箩中的每粒糯米都变成了光滑的酒糟。祖母用三根筷子轻轻捞起一些糯米放在每个碗中，再滤出一点酒的原浆，淋在我们每个人的碗里。我们欢天喜地地品尝着祖母亲手酿造的美味。每当想到祖母和母亲，这种香味和美妙的感觉便会出现，至今仍令我无法忘怀。我就这样从四五岁便学会喝酒的！

后来，人们开始在河内卖五花八门的糯米酒。有用紫糯米酿的，为了提高酒精浓度，人们往这种酒里掺入白酒，但还是甜甜的。这种酒适合女性喝，它不像白酒那样呛口。但各位女性朋友也要当心，酒虽然味甜，但是喝多了也是会醉的！

大家说爱喝酒也有遗传，的确如此！有时候我和朋友开玩笑说："人是猴子变的。猴子生活在森林中，会吃发酵的果实。有科学家发现，有些猴子因吃了发酵的果实而醉倒。人类在进化过程中，从猿猴身上遗传了这种爱吃辛辣食物的基因，这也是再自然不过的了。"

一块没有馅的粽子

　　小时候，每次回外祖父外祖母位于黄梅郡的家，我总会看到，开饭前家人总要给外祖父单独安排一桌，整齐地摆上一杯酒，提前掰下一只鸡腿让他先吃。大家开玩笑说，这鸡腿是外祖父的"敲锣锤"。虽然家里没有什么等级分别，但这的确是一家之主才能享受的特殊待遇。外祖父以前是公务员，负责养家糊口。这种习俗在公务员家庭里曾经非常普遍，一人工作赚钱，养活全家十几口人，理应受到全家人的敬重，吃饭坐在上座，享受最美味的菜肴。但是，对于家里的吃穿用度、大小事宜，外祖母才是掌管人。

　　春节时，去外祖母家里吃饭，我发现外祖母家切粽子的方法与我家的截然不同。一般来说，方粽子要用竹篾平分成八块，每块都是三角形，外侧是糯米，尖部是用绿豆沙和肉做的粽子馅。包粽子的时候，馅料总是放在中间。

　　外祖母家的粽子和其他粽子并无差别，也是正方形的，但切法截然不同——外祖母把粽子切成大小均等的正方形，每一块粽子里都有馅料，正中间那块和边缘的也无差别。我好奇询问母亲，却揭开一段趣事。

从前，为了照顾外祖父，外祖母才把粽子切成正方形。吃的时候，外祖父优先，他每次都很自然地用筷子把中间的那块夹走，剩下的部分大多只有糯米，而馅料很少。外祖母从不多言，把剩下的分给自己和孩子们吃。

这种分粽子的方法沿用了很多年，直到一个特殊的春节。那年，外祖母还是像往常一样端起粽子让外祖父先夹。外祖父依然把筷子戳进正中间那块粽子上。夹起来才发现，这块粽子竟全是糯米，一丁点儿绿豆和肉都没有。外祖父很惊讶，但没说什么，平静地夹走并吃下了这块素粽子。外祖母看了他一眼，微微一笑，把剩下裹满了馅料的粽子分给了孩子们。

母亲说，那年春节，外祖母特制了一个粽子——馅料均匀地分布在四周，正中间只有糯米。她想提醒外祖父，虽然家中所有食物都优先给他享用，但是也不应一直如此。

从此以后，外祖母包粽子的时候总是把馅料均匀地铺在粽子里，而不是放在正中间。但切粽子时，外祖母还是把粽子切成正方形。

外祖父、外祖母已经过世了，他们的儿女长大后各自成家，不住在一起了。粽子切成正方形的传统没有哪家沿用。但每当春节聚在一起，给外祖父、外祖母上香时，大家还会偶尔提起那块没有馅的粽子。

糯米饭和稻谷糯米饭

一直以来，稻米、玉米、红薯、木薯、小米是我们的主要粮食。玉米、红薯、木薯原产美洲大陆，这些粮食新品种虽然进入越南的时间相对较晚，但是在越南土地上展现了强大的适应性，为越南人民度过饥荒立下功绩。从营养学的角度来说，与稻米相比，它们确实有自己的优势，但对越南人来说，只能算次要的粮食，不在越南人粮食榜首位。

越南人更偏爱稻米。越南人常吃的稻米分为糯稻和粳稻两种。糯稻比粳稻出现得早些，但后来粳稻的种植范围更广。糯稻正是我们用来制作传统糯米饭和其他糕点的原料。

糯米饭

糯米饭只能用糯稻来做。粳稻可以做米饭、米线、米皮、米糕等食品，但做不成糯米饭。

越南语中的指糯米饭的"xôi"一词还可以用来指代一种烹饪方式，即蒸。有时人们说，把那把菜"xôi"一下，就是把菜放到笼屉上蒸一下。

蒸糯米饭可以用各种屉，无论什么锅，在里面放一个隔水的箅子，让水蒸气透过箅子把糯米和其他食材一并蒸熟。

同样的糯米，如果不用隔水蒸的方法而是像煮米饭那样，放点水盖上盖直接煮，那么煮出来的糯米饭吃起来口感就会过于软烂，味道欠佳，所以越南人说"就像烂糯米饭一样让人讨厌"。把淘过水的糯米放进竹筒里，加入适量水，用叶子封住口，然后放在火上烤，这种特殊方法煮出来的饭，越南人称为竹筒饭而不叫糯米饭，它口感筋道，香气特别。

做糯米饭，首先将米浸水泡开后，加入绿豆、花生等配料，当然也可以什么都不加，然后把米放在箅子上，上锅蒸熟。所以说，糯米饭除了必须有糯米，还少不了隔水蒸这个烹饪过程。

越南人开发出的糯米饭种类丰富，我简单总结如下。

按加工方式分，有豆面糯米饭（将熟绿豆磨粉与糯米混合蒸）、豆沙糯米饭（用绿豆沙配糯米饭）、打糕（将糯米蒸熟舂成饼）、塔糕（将糯米饭在模具中扣成宝塔形状）……

按制作时添加的配料分，又可分为素糯米饭与荤糯米饭。素糯米饭有木鳖果糯米饭、椰子芝麻糯米饭、绿豆糯米饭、黑豆糯米饭、花生糯米饭、木薯糯米饭、紫薯糯米饭、参薯糯米饭、稻谷糯米饭……荤糯米饭有鸡肉糯米饭、腊肠糯米饭、蚂蚁蛋糯米饭……

糯米饭可以单吃，也可以拌着调料吃。想吃咸味的可以放盐、芝麻盐、花生盐等，也可以配白切鸡、白肉、红烧肉、

想吃甜味的可以搭配糖水、甜粥、香蕉，或根据个人口味
加红糖或白糖。

卤蛋、扎肉、腊肠、肉松等。想吃甜味的可以搭配糖水、甜粥、香蕉，或根据个人口味加红糖或白糖。

糯米饭是越南人供桌上的"常客"。

在村社的祭祀活动中，白糯米饭是必不可少的祭品之一。人们会供奉置于鲜香蕉叶上的白糯米饭、煮猪头和白切鸡。祭祀完毕后，全村人要一起分食这些供品。

在提亲、嫁娶仪式中，人们也用白糯米饭和红色的木鳖果糯米饭作为聘礼和供品，供奉祖先。木鳖果糯米饭的红色被认为是幸福、幸运的颜色。

白糯米饭和猪肉也被用作丧葬仪式上的祭品。

黑豆糯米饭和玉米糯米饭很少被人们上供。有人说因为黑色寓意不好，象征着不吉祥不干净，不能用来供奉祖先。也有人说因为过去越南没有黑豆和玉米。相传越南后黎朝蓬状元冯克宽出使中国时，听说黑豆和玉米对身体十分有益，便想方设法将其带回越南。后来，尽管人人都吃黑豆和玉米，但不能将其用于祭祀。尽管如此，祭祖先时，人们仍然会为了缅怀故人而供奉逝者生前钟爱的食物。慢慢地，在这样的特殊日子里，黑豆糯米饭和玉米糯米饭也在供桌上有了自己的位置。

最终，糯米饭同米饭和其他各类食品一样，成为越南人宴席上常见的食物，同时也成了访亲拜友时最常见的礼品。在城里人看来，糯米饭物美价廉，对劳动人民的钱包相当友好。

稻谷糯米饭

那天，我和英秀姐在刚建成不久的"河内塔"的 20 层，从高处俯瞰河内的变化，她问道："拜托你告诉我，哪里可以买到一包稻谷糯米饭？"我从窗户望出去，指向二征夫人路的尽头："就在那里！你得早点儿起，沿着这条路走 20 分钟，就能见到一个挑着扁担的 70 多岁老太太，她来自将梅村，在这条街卖稻谷糯米饭 20 多年了。想打车过去也行，不过买糯米饭也就一两千越南盾，打车钱能买下她半挑子的糯米饭了！"英秀姐在美国生活了将近 40 年，如今在美国研究经济，她时刻思念着家乡和家乡的味道，思念田鳖的味道、稻谷糯米饭的味道。她说，很多在美国、法国生活的越侨，一回到河内就要去吃一份想念已久的稻谷糯米饭。

我感到惊讶。怪事了，稻谷糯米饭没有什么特别的，为何如此挂念！

对我这个土生土长的河内人来说，稻谷糯米饭只是一种平民小吃。过去上学的时候家里穷，不能像有钱人家的孩子一样跟父母去吃河粉、云吞面、法棍三明治，母亲每天早上给我的几角钱，只够买一包稻谷糯米饭。要是想吃点高级的东西或者买本故事书，就要挨几顿饿才能把钱攒下来。那时河内街上、菜市场里，每天早晨都能见到挑着扁担卖糯米饭的大娘。那时候糯米饭的种类比现在丰富得多。糯米饭装在一个干净的竹筐箩里，盖着蒲草帘子保温。筐箩里有各种糯米饭：椰子芝麻的、豆沙的、花生的、绿豆的、黑豆的、木薯的、木鳖果的……当然必不可少的是味美价廉又扛饿的稻谷糯米饭，吃完足以顶到中午，因此干体力活的人和我这种穷学生非常喜欢吃。祖父、祖母、父亲、母亲、我和我的子女也都喜欢吃。噢！原来稻谷糯米饭才是真正代代相传的特产，正是因为它太平民化了，反而很少受到人们的关注。

几次跟远道而来的朋友一起吃饭的时候，他们问我："你倒说说，哪些美食算是越南的？哪种吃法是越式的？河内风味又是什么？"这些问题听起来容易，却不好回答。我不是厨师，也不敢自称美食家，只能尽可能列举一些自认为最具越南特色的、别处很少有的食物。河内的稻谷糯米饭便是其一。

我的老家在黄梅村，过去算河内城郊，离将梅村很近。将梅村正是以制作传统稻谷糯米饭而闻名。

以前，只有富裕人家才能常年吃大米饭，穷人吃的米饭里经常要掺着玉米和木薯。母亲说，我们村周边的一些穷苦农民衣不蔽体、食不果腹，一年到头吃不到米，饭里只有玉米，因此想出很多做玉米的方法。用最便宜的黄玉米磨碎后做成玉米糕，玉米糕蘸酱吃，这个酱汁也是用玉米做的。玉米用碱水泡发后，抓一把黑豆一起煮烂，做成玉米糊。我吃过母亲做的这种玉米糕和玉米糊。后来战争时期，玉米大米饭在北越地区非常普遍。买大米的时候，都得配着其他粮食一起买，被称为"有色面"。只有得了胃病或是享受特殊待遇的人才能吃纯大米饭，其他人吃的都是掺了玉米或是麦粒的饭（译者注：北越时期，越南人经常将麦粒直接混入米中食用）。

当时，报上经常刊登科普文章宣传玉米的营养价值。多亏这些文章，我才得知玉米来源于北美洲的墨西哥，被西班牙人带到了菲律宾，又从菲律宾传到中国沿海地区。书中记载，康熙初期，越南山西先锋县人陈世荣出使清朝，将玉米种子带回来种植。整个山西地区就逐渐用玉米取代大米。后来我遇到几个墨西哥朋友，从他们那里了解到不少正宗墨西哥菜和各种用玉米制作的富有创意的食物，但却从未见过类似河内将梅村稻谷糯米饭的食物。

我暗想：稻谷糯米饭从何而来？谁创造了它？它还能流传多久？

估计很多越南人和我一样，认为玉米是穷人吃的，稻谷糯米饭是平民食物。稻谷糯米饭主要是用玉米做的，只添加了一点糯米，本来这样的糯米和玉米混合的糯米饭，应该被称为玉米糯米饭，但为何在越南语中我们却称之为"稻谷糯米饭"？既然是糯米饭，烹制原料里肯定有糯稻。按照越南人对糯米饭的命名习惯，花生糯米饭就是以糯米为主混入花生，木鳖果糯米饭就是在糯米中掺入木鳖果，那么稻谷糯米饭就应该是糯米中混入糯米或粳米了吧？真是奇怪。难道我们是为了让这不起眼的玉米听起来高级一些吗？按理说玉米来自遥远的北美洲，玉米糯米饭应属于北美洲食物，但并非如此。我不敢跟最早发现并驯化种植玉米的墨西哥人争夺"版权"，也不敢与冒着危险将玉米种子带到越南的先人争功，只是想替将梅村、黄梅村的穷苦百姓说句话，正是他们创造了稻谷糯米饭的做法。

人人都承认油漆是欧洲人的材料，但没人说越南画家苏玉云的漆画《百合花与少女》是属于欧洲画家的作品，所以说，稻谷糯米饭是属于河内人的。稻谷糯米饭是贫困时期的产物，虽然"出身"贫穷，但是不乏华贵。其华贵之处不仅体现在细腻的口感上，更在于越南人相传千年的美食创造力。

稻谷糯米饭还会流传多久？

这谁又知道呢。世间万物瞬息万变。我直到 50 岁才读到作家石岚关于 20 世纪 40 年代河内 36 条古街美食文化的作品。读完才知道，河内人的饮食在过去半个世纪里已经发生了翻天覆地的变化。当今稻谷糯米饭的叫卖方式与打包方式，与过去有很大的不同。我们如今给客人打包的糯米饭，包在香蕉叶外面的是报纸，绑的是橡皮筋，装的是塑料袋，哪还有荷叶和草绳的清香与精巧！过去用扁担挑的糯米饭已经渐渐远去，消失在河内的城市化、工业化进程中了。河内人口越来越密，人行道越来越窄。我不是在替侵占道经营、影响交通、破坏环境卫生的小贩辩护，而是真心期望（在一些有条件的地方）给街边摊保留一些地方，给河内的饮食文化留些空间。

试想如果糯米饭这样的河内街边传统小吃全部绝迹，取而代之的是那些快餐，会怎样？那时博物馆里是否会给那些曾影响几代人、守在门前卖糯米饭的挑子留一个位置呢？

孙辈或许会问我："爷爷，啥是稻谷糯米饭啊？"

河粉与我

　　世上所有的艺术可能都源自艺术家的自我。如果没有这所谓的自我，所有的艺术作品恐怕都会变得平平无奇。大作家阮遵曾一度因"自我"而被人批评。若评论美食不能凸显个人的感受，那就没什么可以评的了。或许美食是将自我展现得最为淋漓尽致的艺术：我的舌头能够品味它的甘美，感受咸、甜、酸、辣，或浓郁或清淡，或滚烫或冰凉；我的鼻子能闻到它的清香或刺鼻；咬下一口扎肉，我的牙齿能感受到它的粗粝、松脆；我的双耳能听到吞咽食物的声音，还有女服务员清脆的吆喝声和店里熙熙攘攘的喧闹声……我手里捏着一块热糯米饭，用手搓一搓，蘸点芝麻盐送进口中。将用手搓出来的糯米饭或用手撕下来的鸡腿肉蘸上辣椒盐和柠檬叶后放入口中，这种感觉完全不同于用筷子或刀叉吃整齐摆放在盘中的食物……差点忘了，还有我的眼睛，看到桌上或市场里的美食，就像欣赏绘画或雕刻作品一样，欣赏美食艺术家们精心创作的作品。总的来说，享受美食带有个性化，每个人的感受都包含很多"自我"。这也正是美食是为我的舌头并且只是为我自己的舌头服务而已！

正是这种感受才能创造出艺术的价值。写作时，你应该写出那些"人人心中有，人人笔下无"的东西。人们阅读的时候便能体会到你想表达的东西。在享受美食这种艺术上，可谓众口难调，实在很难让不同口味的人获得同样的感知。美食正是最带有个人色彩的艺术。说了这么多，只是为了讲述我与河粉的故事，讲述我与这道带有深厚越南民族特色美食的缘分。

河粉从何而来？

关于河粉的起源，我见过了太多的争论。比如，越南美食协会的老人，激烈争论后不再互相理睬，一个认为河粉起源于南定，另一个认为起源于河内。我只认为河粉在越南有很长的历史了，可能起源于街头，厨师从这里学些，从那里学点。

有一次在法国，我和作家阮回首聊天。他突发灵感地说："或许河粉起源于法国，因为法国菜里的蔬菜牛肉羹写作'pô tô phơ'。"（法语为"pot au feu"，指将牛肉与大蒜、胡萝卜放在一个大锅里炖，过去西方士兵常吃这道菜）。我查找过这道菜的资料，法国的蔬菜牛肉羹与越南的河粉差别太大了，仅仅是这道菜也用牛肉烹制，尾音"feu"的发音和越南语的"粉"相似而已。又有人说河粉起源于中国。越南语的"粉"与中文的"牛肉粉"发音很像，但在中文里，水牛和黄牛都称作牛，而在越南语中则是两个词。虽然语言学在研究饮食历史和文化历史中具有重要的参考价值，但是这种解释恐怕还是难以令人接受。

我只知道 1947 年我出生以后发生的事，还有从祖辈那里听来的、从书里看到的事。我斗胆说：河粉至少在越南存在一百年了。

河粉是越南最富特色的美食之一，与之并列的还有各种用米浆制成的、薄厚各异的食物：米皮、粉卷……用河粉制成的或干或湿的各类丰富的食物也都带有越南特色：米纸、炸春卷、花生糖饼、米粉……河粉的汤底是用骨头和肉熬制的，最早是用牛肉、鱼露和一些热带地区产的香料。

要想确定河粉的年代，还得了解越南人吃黄牛肉和水牛肉的历史。越南人吃黄牛肉的历史更长，在几千年前的东山铜鼓上就发现了黄牛的形象。算了，我们姑且只说河粉是越南最具代表性的美食之一吧。河粉在越南存在和发展的历史源远流长，关于其形成和发展的历史可能永远都是科学家、"河粉学家"争论的话题。

河粉有多少种？

河粉有多少种？这个问题实在很难回答。为了方便分类，我们根据加工方式大致将其分为汤粉和干粉。汤粉是最为普遍的，一碗河粉总是能够和各类汤底搭配。干粉就是不带汤的河粉，包括炒河粉、煎河粉、粉卷（新鲜的河粉皮卷着肉或虾）。还有一种很常见的干粉是谅山地区的酸粉——把河粉皮切成细条，与肉和其他调味品拌着吃。干粉还有一种做法：先在鲜粉皮里裹上捣碎的虾和肉，然后放在炭火上烤，人们称之为"烤粉"，我也仅在清化省的民间宴上品尝过。

如果从烹饪食材的角度说，那河粉的分类就不计其数了。汤粉有牛肉河粉、鸡肉河粉、番鸭河粉、鸵鸟肉河粉、猪肉河粉等。以前战争年代经济困难，没有那么多肉，有些地方就做花生河粉、豆腐河粉和素河粉（只有汤和粉，被人们戏称为"无人驾驶河粉"）。各类煎炒河粉主要是用肉和蔬菜炒。有些餐馆做什锦炒河粉，一般用牛肉、内脏，一些地方也用海鲜（鲜虾、墨鱼或海参）。煎河粉是一种特殊的炒粉，把河粉压在热铁锅上，使之微微变焦，口感外焦里糯。

从原料到烹煮方法，多才的越南美食艺术家们创造了千千万万种河粉佳肴。继越南最受欢迎的米制品——米线之后，如今河粉也成了随处可见的美食之一。如果有机会由南至北穿越越南，在路边见到最多的饭馆招牌依然是"米饭—河粉"。

"解剖"一碗牛肉河粉

传统牛肉河粉可能是最先被创造出来的，在此基础上，经过后人不断改进，才有了当今种类丰富的河粉。那么我们试着对牛肉河粉进行一场"解剖"，分析一碗原汁原味的汤粉包括哪些食材以及它的汤是如何熬制出来的。

做一碗河粉，首先要准备好粉皮。以前制作粉皮会用到石磨，师傅一边转动石磨，一边往里面加水，使石磨里已经浸泡过的大米和流进去的水融合，变成稀米浆。制作米浆有一个秘诀——在研磨米浆时加入一些冷米饭，它能让粉皮更有韧劲，嚼起来嘎吱嘎吱响。如今一些不良商贩逐利心切，为了让粉皮有韧劲，在制作河粉时加入硼砂或其他化学制品，更有甚者为了让粉皮不易腐坏，往河粉皮里加福尔马林——这种常用于实验室浸泡动物尸体的有毒物质对人体危害极大。

米浆准备就绪后，师傅就要制作粉皮了，将稀米浆摊在一个绷着布的蒸具上，把蒸具放在一口大锅中，锅底是持续沸腾的开水，师傅一只手拿着勺子（勺子是一根竹棍绑着椰壳）舀米浆，另一只手拿着一根竹棍挑蒸熟的粉皮。将米浆薄薄地铺在煮在沸水上的蒸具中，然后用一个竹编盖子把锅盖严。等几分钟，粉皮熟了，师傅用竹棍将热腾腾的粉皮的一边卷起，然后从蒸具上挑起整片粉皮，将其挂在一根竹竿上，冷却后取下来，层层叠放。因为粉皮机的出现，如今这种手工制作粉皮的方式已经不多见了，粉皮机能够制作出又大又长又薄的粉皮，就像造纸机生产纸一样。

粉皮做好了，要吃的时候，得用一种特殊的刀来切。切粉皮的刀前后两端各有一个刀把，切之前要把粉皮卷起来，然后轻轻切成小拇指一半宽的细条。过去，客人吃多少，店主就切多少。人们说现吃现切的河粉才弹牙，不糟烂。把河粉放进一个长筒状的竹笊篱里，放进热水里快速焯一下，再将水沥干倒进碗中，然后倒上汤汁。现在的粉皮都是粉皮机生产的，机器切出来的河粉又薄又细，比粉丝宽不了多少，吃起来不如过去的那般有韧劲。

再说那锅汤，汤才能体现出厨师的实力。我见识过各类汤底，无法完全了解各家熬制汤底的秘方。通常来说，无论是做牛肉河粉还是其他河粉，都要用骨头来熬汤底。先把牛骨、猪骨劈开、洗净，焯水去腥后放进大桶里，再用煤火熬。汤底必须头一天晚上就开始熬，这样第二天早上可以卖给客人。从熬好的汤锅中取出的骨头可以轻松掰断，就像掰粉笔一样，骨头中的胶质和骨髓也都已经溶进高汤里了。有一次，我买了一碗河粉，将汤底留下单独放置在冰箱里，第二天早上取出时，发现汤底凝结成块了，像肉冻一样，由此可见，那汤底多么养人。喝一勺鲜浓的高汤，就像在吃熬稀了的阿胶一样，一碗河粉吃下去，整个人能从前一晚的清冷中彻底苏醒过来。

几乎每家知名的牛肉河粉店都会用到一种特殊的骨头，那就是牛尾。不知为何，牛尾会产生一股特有的甜香。讲究的人还会在炖牛尾之前先将牛尾烤一烤，听说这样更好吃。我曾在欧洲几个国家生活过，发现牛尾汤也是欧洲人喜爱的佳肴之一。

熬制汤底，除了牛骨和猪骨，鱼露也是不可或缺的。擅长做河粉的师傅必须知道如何选择合适的鱼露，并懂得调配鱼露原浆和鱼露酱的比例，这样才能创造出越南河粉特有的味道。

熬制汤底的调味料多种多样，使用的比例也各异。有的人放八角、桂枝、草果、姜以及用火烤过的红葱，有的人会

通常来说，无论是做牛肉河粉还是其他河粉，都要用骨头来熬汤底。先把牛骨、猪骨劈开、洗净，焯水去腥后放进大桶里，再用煤火熬。

用到虾头、沙虫或墨鱼须。汤底的配方是各家餐馆的秘方。食客们在享用的时候，会根据个人口味要选择清汤多一点或是油多一点，加不加味精……

配在河粉里的肉，也各式各样。牛肉河粉基本分为几类：生牛肉河粉是将牛肉切成薄片，在热汤底余煮烫熟；生牛腩河粉里除了牛肉，还要加上一些牛腩，金黄色带着油脂的牛腩余熟后嚼起来脆脆的，还会在嘴里渗出油及一股特殊的香；半生牛筋河粉一般是放牛肉，再加些口感脆弹的牛筋；熟牛肉河粉是把煮熟的瘦牛肉切成薄片配在河粉中。除了这几种，还有人做红酒炖牛肉河粉。用红酒煮牛肉是法式做法，但加入河粉后，就变成了拥有"越南版权"的越南法式佳肴。作家阮遵认为，吃河粉就应该吃熟牛肉河粉，汤底清澈，这才是真正的河粉，其他的都不正宗。我也非常喜欢阮遵先生说的熟牛肉河粉，但像他这样只对熟牛肉河粉情有独钟的人已经很少有了。反过来想，要是人人都如阮遵先生这样只认准一种河粉，那越南河粉的丰富程度就会大打折扣！

除牛肉河粉外，还不得不提鸡肉河粉。鸡肉河粉的做法是先把白切鸡去骨，切成小块，再拌上切成丝的柠檬叶，放到碗中。有些讲究的食客，河粉里只放鸡屁股、鸡腿肉、鸡胸肉、鸡皮或鸡肠，有些会让店主多加一两个生鸡蛋，也有些地方的人喜欢将鸡肉切成大块放进河粉里。

配在河粉里的香菜也大有不同。过去在河内，加在河粉里的只有切碎的香葱和罗勒，冬天时加些越南香菜。后来在海防，人们做河粉时会加入芫荽。说起来也奇怪，芫荽是一种来自美洲的植物，不知为什么被称为中国香菜。现在的牛肉河粉里还加了味道更重的洋葱，吃起来更去腥膻味。还有人喜欢在河粉中挤些青柠汁，后来有的地方改用金橘。河内和西贡的青柠味道不同，切的时候方法也不同。不爱吃柠檬的人可以用腌蒜的白醋提酸。吃河粉通常要有辣椒。辣椒也有很多种，有的人喜欢用辣椒酱，有的人喜欢鲜辣椒或者醋腌辣椒。除了辣椒，往河粉里添加一些胡椒也能激发出一些特殊的香味。各类调料是为了让食客更好地享用河粉，当然不必全部都加。但有一次，我见到一个人吃河粉居然不加葱，看到这个坐在旁边桌的人埋头吃着没有葱的河粉，真恨不得上前劝说，但还是作罢，毕竟每个人都有自己的喜好。品鉴美食应该建立在互相尊重的基础上，而不是通过取笑别人来证明自己懂得品鉴美食。

第一次去西贡的时候，我被邀请去吃北方河粉。因为巴斯德街上有一排北方人开的河粉店，所以当地人管这里的河粉叫北方河粉。我确实看到了像北方河粉那样的大碗和满满的牛肉，但旁边摆着的罗勒叶、芫荽豆芽、酱油和油炸蒜末让我感到惊讶，北方人吃河粉哪会搭配这些菜。我舀了一勺汤送入口中，顿感失望，汤汁甜得像糖水，原来北方的河粉到了南方也会取悦南方人的舌头，但其实多吃几次也能习惯。

初尝河粉

这辈子我吃过成千上万碗河粉，但第一碗河粉是什么时候吃的却怎么也记不起来了。只记得从我出生起，河内就有河粉，到处都有卖河粉的商贩挑着担子沿街叫卖。我母亲有时候只买汤底，用汤底给我们泡凉米饭吃。这种二合一的吃法居然有一种特别的味道，可能是我从刚学吃饭开始就这么吃了，所以非常习惯。

小时候，母亲经常带我去市场，我也常在市场里吃饭，但从未见过市场上有卖河粉的。可能是因为河粉被列为高级食品，是为中产阶级以上的人准备的。我小时候的河内，卖河粉的方式有两种，一种是挑担子卖的，小贩把河粉送到有钱人家里去卖；另一种是开店卖，店要有些名气，招牌醒目，供有钱人进去享用。有名气的河粉店里，客人总是络绎不绝，有时还需要抢座，很多店的座位不够，但食客即便站着吃也乐意。

我第一次进河粉店，是祖父带着我们一群孩子去的。那天是周日，一早，祖父叫了一辆三轮车，我们祖孙几人一起去了顺化街尾的金英河粉店，靠近现在的露天市场。那是我一生难忘的一天。那天，祖父为了激励我们，说："今后谁成绩好，到周日我就带他去吃金英河粉。"此后，这便成了惯例，无论我们这群小孩中谁得到了祖父的奖励，其他人都可以一起跟着去吃河粉。这是祖父劝学的一种方式，也不晓得是不是这河粉的激励，反正我们这群孩子都算是学有所成。

千变万化的米皮

在越南人手中，稻米有无数种不同的烹饪方式，简单的如日常的土锅蒸米饭、山区地区的竹筒饭，复杂的如早稻嫩扁米糕、糍粑、方粽等，这些都是用稻米制作的。米皮正是用一种独特又普遍的稻米加工方式制作而成的食物，也由此创造出许多越南特色美食。

我用"米皮"这个词来指代所有用米浆在大锅中蒸出来的食品，这种米皮通常是将米浆摊在一块绷在木框中的布上，然后上锅蒸出来的。虽然米皮的种类有很多，但主要分为做春卷用的干米皮和做卷筒粉、汤粉用的湿米皮。

米皮在越南出现于何时，发源于何处？

这个问题可以提给有兴趣深入了解越南饮食起源的人。想要制作一张米皮，首先要浸泡粳米，然后加水用石磨磨成米浆，米浆是制作越南各类米皮的基本原料。

按照越南传统加工工艺，要想得到米浆，石磨是必不可少的。如此说来，石磨是何时开始在越南出现的呢？考古学家发现了很多不同的烹饪用具，从泥锅、陶蒸锅到距今六七千年的各类盛具，可惜的是，直至今日仍未发现石磨的遗迹。在成千上万的历史遗物中，类似用砂岩石制成的舂臼这类石质用具似乎常常得以保存最久，极少因时间而损坏。希望有一天，考古学家们能够解答关于石磨来历的疑问，并解答众人都关心的米浆起源的问题。

有人认为，石磨的起源与藏缅和苗瑶族群密不可分。藏缅人惯用舂磨制作豆酱，而苗瑶人善用其研磨玉米，尽管玉米是欧洲人在开拓美洲之后才发现并传入亚洲这片"旧大陆"的，但越南人很有可能是直接或间接地从这些人那里接触到了石磨。

据记载，古越文明与藏缅语系人群的接触可追溯至公元初年，而与苗瑶人群的接触时间则要晚些（吴德盛教授所言）。

陈国旺教授也曾对我讲过，越南古老的稻米烹制传统是保留稻米原粒，而不经过研磨。例如，将大米、糯米等直接放置于炊具中，或是用叶子包裹来制作米饭、粽子这类食品，而非磨米烹煮。

饮食文化是一种被广泛交流和传播的文化类型，它不断演化出万千种丰富、独特的饮食形态。因此，无论米皮发源于越南还是越南人从其他文化中借鉴或是交流中得到的，如今提及越南的饮食艺术，已经没人能够否认米皮的作用，米皮也被认为是越南饮食中不可或缺的原料。

千变万化的越南饮食中的米皮

小小的米皮，历经世代更迭与岁月洗礼，被越南人制作成各种美食，用以服务不同阶层的人，上至宫廷盛宴，下至日常简餐，都少不了米皮的身影。

烤米皮

每次去乡村集市，买完鸡鸭青菜，母亲回来时都不忘给孩子们买干米皮。有时，可以看到妇女会给丈夫带回几张芝麻椰丝米皮和一壶酒，让丈夫招待左邻右舍、亲朋好友。米皮成为乡下人最便宜的零食。这种简单质朴的食品甚至走进抗法时期年轻人的歌声中：

俄国佬有个干米饼，

米饼大大，似三座亭，

俄国佬把它送伤兵，

走到亭前，遇到阿贰，

阿贰有块有馅糍粑……

每次经过中部地区，我都要托朋友买一叠古得饼（花生糖）作为特产送人。这种花生糖是把蜂蜜调上麦芽糖，混合花生，夹在两张薄薄的、雪白的干米皮之间。花生脆、蜜糖黏，就像一首饮食的重奏曲一样，太富有创造性了，给食客带来一种奇妙的快感。此后，糖果公司用腰果代替花生，但酥脆的干米皮饼没有被替换。

在越南的一些农村，米皮是具有一定名气的传统手艺食品，不但可以帮助农民脱贫致富，还可以提高他们耕种稻米的附加值，普通的稻米变成了独特的物产，畅销国内外。如果你有机会到越南最北部的边界地区，请你一定要在北江省的街市驻足，买些干米皮作为特产。这里的干米皮又大又脆，米香浓郁令人难忘，这种米皮上还撒了芝麻，用火一烤，香气四溢。

春卷皮

这是越南饮食中具有多种功能的独特食品。春卷皮（米纸）也是用米浆制成的，在锅中摊好后，放置在架子上的竹帘上晾干（有些地方的米纸不但要晒干还要阴干，就像一些南部地区的米皮一样），它成为自北至南的许多独特越南饮食中不可缺少的一部分。在个别地区，人们制作米纸时不仅用米浆，有时还在米浆中掺入椰汁、椰蓉，创造出一种独特的香味。

春卷皮是越南炸春卷不可或缺的部分，炸春卷也被北方人称为海蟹春卷，南方人称煎肉或西贡春卷。不知道炸春卷的起源时间，但它一定是我们在宴席中首先向外国客人介绍的一道越南菜。

炸春卷大小各异，馅料可以用肉末、海蟹、豆芽、茎蓝、胡萝卜以及红葱头做成，可以根据口味改变馅料，唯一不变的是用来包住馅料的米纸。

我曾经在欧洲的一些超市中买到过用机器制作的米纸，

光滑透薄如纸。这种机器制作的米纸无论如何都无法替代传统手工方式制作的米纸。

除了吃炸春卷，越南饮食中还有许多不同种类的卷菜可以用干米皮包卷食用，如干米皮包白肉、包烤鱼、包烧鸭……还要配上各类青菜和丰富的调料，在越南北中南三地，这都是最受欢迎的美食。

有一次，我参加一个特别的家庭宴席，宴席保留了很多芽庄古老的饮食方式。主人家请我们食用蘸特殊鱼酱的卷菜，令人意外的是，卷菜的馅料中居然有一种煎得酥脆的米皮。鲜米皮包裹着炸得酥脆的米皮和各种蔬菜、肉类，这道卷菜的外皮软软韧韧，里面的米皮又充满米香和脆爽，两种味道结合在一起，有一种难以形容的特别口感。

后来读到作家苏怀的文章，我才知道以前在西贡，人们也会用炸米皮配啤酒，这是一道十分美味的小吃。不知道炸春卷是不是从这种无馅的炸春卷皮演化而来的，抑或从其他饮食文化发展而来，对我来说，这是个非常有意思、值得探究的事情。

汤 粉

在整个北部平原地区，特别是太平省、南定省的沿海平原地区，到处都可以见到一种独特的小吃——汤粉。太平有黄瑰鱼汤，这是一种黄瑰地区（太平省黄父）出产的小吃。制作的原料为一种厚米皮，将晒干后的厚米皮切成宽宽的长条，食用时先将干米皮过沸水，使其变软，再放入碗中，上面铺上几块煎至酥嫩的黑鱼，配上水合欢，最后浇上热汤即可。类似的还有人用河蟹、猪肉、虾制作汤粉，制作汤粉的米皮原料就是普通大米，也有用红棕色的、特殊的米制作米皮。

河 粉

已经有太多文章介绍过越南河粉，越南河粉也被视为越南饮食的"国粹"。关于河粉的起源，有人认为它是从前面所说的某种汤粉演变而来，也有人提出假设河粉是从外国传入的，越南人将其改变、创新。不管是外来的还是自己创造的，最重要的一点是，想要烹煮一碗河粉必须有粉皮，而粉皮其实是米皮的一种。

有别于普通的米皮，用来制作河粉的粉皮更厚、更有韧劲，蒸熟后不用晾晒就可以直接食用，这样河粉会更爽弹。为了制作出爽弹口感的河粉，人们常常在生米中加入冷饭一同磨成米浆。河粉的需求日益增加，很多地方使用带电机的磨、机械制粉皮机或切粉皮机来生产粉皮，但这样做出来的粉皮与传统手工制作的粉皮有很大区别。如今很多粉皮更薄、更脆，切得细如粉丝，而传统被切成宽条的厚粉皮只能在河内和海防的几家餐馆中找得到了。

卷筒粉

卷筒粉也是米皮中的一种，卷筒粉的制作方式很多。关于食用卷筒粉，可以在刚刚制好后趁热吃，也可以放凉后食用。河内青池卷筒粉以薄闻名，无馅料，撒上几粒葱花，蘸上掺着田鳖和辣椒的鱼露即可食用，有时还会搭配炸肉糕一起吃。

　　另一种热食的有馅卷筒粉是以肉末木耳为馅料，有些地区的人还会在蒸粉皮时加入生鸡蛋，卷筒粉蒸好后鸡蛋也一同蒸熟了。有的还会在盘子中撒上些炸红葱碎和虾肉松，或是配上一碟酥脆的油炸豆腐。这道菜有意思的地方在于，食客可以边吃边观赏厨师精湛的烹饪手法，通常是摊完一条卷筒粉就立刻端上食用，所以食客食用的卷筒粉总是热气腾腾的。

越南人餐桌上的那碗汤

越南流传着这样两句话，"少喜新衣老喜汤""有女不远嫁，端汤送水常绕膝下"。汤是每个越南家庭餐桌上必不可少的一道菜，是越南饮食文化的重要部分。

什么是汤？

简单地说，汤就是由水和其他食材烹制而成的一类饮食，比如用水和青菜、水和豆薯类、水和富含蛋白质的各类肉鱼等。汤与炖、煎、焖、焗、蒸等其他烹饪方式最大的区别就是，汤含有较大比例的水。

无论是农村还是城市，无论是偏远的山区还是海岛，无论是日常便饭还是节庆聚会，抑或是宫廷盛宴，汤几乎是越南人每餐必不可少的部分。

为什么汤能成为越南人餐桌上最普遍的食物?

　　每个民族、每个族群都有自己的饮食习惯,他们的饮食呈现出不同的形态。去了解越南的饮食会发现,好像越南人和几乎所有生活在越南这片土地上的各民族兄弟姐妹一样,都将汤作为自己餐桌上不可或缺的一道菜。有人提出假设,可能因为越南人生活在热带,生产劳动以耕种水稻为主,还有部分人生活在森林和海边,湿热的环境使得越南人需要喝汤,喝汤可以弥补机体中流失的水分、盐、其他矿物质和维生素。

　　如果这个假设成立,那为何印度、泰国等其他热带地区的人没有像越南人一样经常喝汤? 在这些地方,人们常常将饭或烤饼与水分开食用,或是有着与越南人完全不同的喝汤方式。

　　可能是因为越南人的饮食和饮食方式有着独特性,例如我们食用丰富多样的热带地区的食物,这使得越南人的汤锅中也表现出丰富多样的特色,并具有独特形态。因此,无论是在日常便餐还是盛大宴席中,越南汤品都能够毫无违和地融入其中。

在越南人餐桌上有多少种汤?

　　越南人的餐桌上有多少种汤? 这是我们在了解越南饮食文化特色时需要回答的问题。在这里,我无法将越南人创造出来的繁复的汤一一列举,只大致概括一下分类。

按照汤的原料分，有素菜汤（各类青菜、薯类、果类、豆类、菌类）和荤菜汤（肉、鱼、水产品），汤中还要加入各类调味（盐、鱼露、酱）。

下面列举一些典型的汤。

用青菜熬的汤，最简单的就是空心菜汤，加一些盐、鱼露或是一点儿酱，放几片姜就做成了一碗清汤。加上几个腌小青茄，配着热腾腾的白米饭，这就是过去农村穷人家的清淡一餐。

这种用青菜熬的汤被称为青菜汤，比较典型的食材有空心菜、木耳菜、黄麻菜、木枸杞、苋菜、菜心、水合欢、水芹菜、红薯叶、白菜、葱、韭菜、大野芋……除此之外，还有一些野菜，比如野茼蒿，还有越南人常用的什锦菜，其中包括马齿苋、藜菜、皱果苋、阔苞菊、萹蓄等。

越南人做汤除了用叶菜，还会使用到植物的茎、根等，如苤蓝、竹笋、芦笋、野芋、红薯、土豆、木薯、白萝卜、胡萝卜、荸荠、莲藕……

各类植物的果实也可用来做汤，如番茄、阳桃、木竹子、冬瓜、葫芦瓜、木瓜、人面子、波罗蜜、青香蕉……

花也是越南汤中的原料，如夜来香、香蕉花、花椰菜花、印度田菁、大花田菁……

还有植物的种子，如莲子、波罗蜜子、各种豆类、花生……或是将种子用酱腌制加工，如各种腌菜、酱、豆腐、腐竹……这些食材也被用于烹煮各种汤。

此外，数不清的菌类在不管高级还是普通的羹汤中，都是少不了的重要食材。

除了用青菜、豆类等做汤，还可以用各种肉类煮汤，有些食材似乎只有越南人才习惯食用。例如用河蟹、稻田鱼、各种贝类制作的酸汤，还有用各类海产品如沙虫、对虾、海蟹，各类海鱼和淡水鱼，一些蛙类，鸡鸭鹅、猪牛羊，甚至自然界中的各种鸟类都可以做汤，如竹笋鹌哥汤、竹笋田鸡汤、叻沙叶牛肉汤，或是简单地加些盐的清汤炖下水、清汤炖牛肉。

除了上面提到的使用青菜、肉类、水产品以及菌类作为原料外，越南餐桌上的汤还有不同食材制作的什锦汤，像用猪皮、虾仁、鹌鹑蛋等原料做的汤，用田螺、豆腐、猪皮、青香蕉做的汤，还有笋煲猪肘、笋煲番鸭、笋煲排骨等。这些汤包含有多种原材料，同时还有各种配料，如姜、藠头、黄姜、蒜、紫苏、罗洛胡椒、辣椒、葱、韭菜、香菜、茴香……既丰富又滋补，最能代表越南餐饮的特色。

越南不同地区的羹汤有何区别？

我们很容易就能区别越南南部和北部的羹汤。北部地区的羹汤常常是菜多肉少，有时甚至只有简单的一种菜，比如空心菜清汤、海米冬瓜汤，北部地区的汤一般比较清淡，不会过于油腻，也不放过多的辣椒和香茅。

从中部往南，汤会因添加更多鱼露等调料而口味浓重，人们也会更多使用鱼、虾，以及更多不同种类的蔬菜和水果，特别是只有在中部和南部，人们才会使用印度田菁、大花田菁、蒿蓄，甚至睡莲花、凤眼蓝茎。

山区的汤也很有特色，比如田鸡笋汤、排骨香蕉茎汤，芒族地区宴席中的苦汤，赫蒙族同胞的"汤骨"……

总之，每个地区都有自己丰富、独特的汤品，这些共同形成了越南饮食独有的特色。

现代饮食中是否还需要汤?

由于劳动条件的改变，传统的饮食方式也随之发生改变，如今的饮食方式更加简单、快捷、便利。尽管如此，越南人对饮食中的汤仍然有着很大需求。家庭"煮妇"们即使善烹饪，也会到超市买一包快捷即食汤料，回家兑上水，用几分钟就熬出一锅汤。

人们都说，越南饮食如果没有青菜和汤，那吃起来就会感觉干巴巴的。说得太对了!

粉皮熟了，师傅用竹棍将热腾腾的粉皮的一边卷起，然后从蒸具上挑起整片粉皮，将其挂在一根竹竿上，冷却后取下来，层层叠放。

活着就要吃木薯

小时候，母亲偶尔会念叨一句话："活着就要吃木薯。"我完全不理解这句话的意思。后来上学认字了，我终于知道，这句话来自一句歌谣："丰年也莫负玉米与红薯，只因荒年方知谁能与付？"

过去，越南人以大米作为主食，玉米和红薯是在农时交替、缺粮少米期间才搭配食大米用的。但奇怪的是，越南的诗歌里、典籍上都未曾提及木薯，尽管食用木薯早已在各地相当普及了。在黎贵惇于1773年编撰的越南第一本百科全书《芸台类语》中，描写了70多种不同的粮食作物，却未曾提到木薯，1994年版的《越南农业历史》对木薯也是只字未提，然而木薯确实是越南主要的农作物和出口农产品。

我们对木薯的依赖如此之深，但确实是"辜负"木薯了。过去，遇到饥荒之年，人们常想起玉米与红薯。如今丰年，稻子、玉米、红薯都丰收的时候，不知有谁会记起木薯？说到木薯不由得让我有些忧伤，让我想起与木薯的感情，也让我想到越南人在烹制这种神奇作物时所展现出的才华，这种对食物的创造力，无论哪里人都无法与越南人相比。

　　木薯之所以没有出现在各种古代诗歌文学中，也没有被记录在历史、现代科学作品中，可能是很少有人在意它的来源，也有可能在古代木薯还未被普及，所以没有人费心去探寻、收集越南人对它的创造性的烹制方式。尽管这种作物源自遥远的南美洲，但它却在越南这片土地上发展得非常好。有人看不上木薯，认为它是一种"土气"的物产，只在粮食不够时才用来充饥或喂牲畜。

　　我已经不记得第一次吃木薯是什么时候了。小时候，每次与母亲去逛市场，我都十分兴奋，因为看到市场里摊位的竹架子上总是整齐地摆放着又香又甜的木薯、白薯、红薯，它们被煮得刚刚好，皮上还渗出一层甜甜的糖汁。后来，人们也卖据说源自中国云南的黄木薯，这种木薯吃起来更韧、更甜，还有白木薯，吃起来口感更细腻也更香。水煮木薯是一种小吃，通常作为早餐或是零食在市场上售卖。母亲将木薯买回来，切成小段，给我们兄弟姐妹每人一块。最小的可以吃中间的，母亲和大姐吃木薯两端纤维比较多的部分。我总是小心翼翼地把我的那段木薯上那层淡紫色的皮轻轻剥下，然后才心满意足地品尝又香又甜的木薯。

　　20 世纪 60 年代，河内还没有很多面粉，我们吃用木薯粉做成的面饼。这种饼四四方方，约莫手掌大小，是用木薯粉掺大米粉烤制而成的，这种饼味道很香但不如全面粉做的面饼那么酥脆，吃起来有些韧劲，还有点木薯的苦味。这种饼并未存在很久，后来随着战事蔓延至北方，援助的面粉开始充足，就没有人再用木薯粉代替面粉了。

战争年代，我们被疏散至太原山区生活和上学，米饭不够吃，每顿饭都要找些木薯来充饥。一到暑假，大家就抓紧烧荒、开垦土地来种木薯，但仍然不够吃。我和几个伙伴扛上铁锹到处搜罗，把那些人家种来做篱笆的木薯也挖来吃。这种木薯因为长了很多年，像成人的腿一样粗，吃起来没有一年生的木薯香，但可以充饥。那时正处于能吃能睡的年纪，一到晚上，早已饥肠辘辘，我们这些吃不饱的学生便围坐在一起，煮一锅木薯或是熬一锅木薯粥，放点盐和一把青菜。有的人晚餐只有两碗掺了面的米饭，因为太饿，又吃了整整一千克的木薯，仍意犹未尽。

大学毕业时做人类学研究的日子里，我和我的老师——一位老教授翻山越岭，去到山萝省顺州，与山由族、泰族同胞在塔河塔布一同生活。本就是深山老林又赶上战争时期，所以缺衣少食。杂和饭主要是木薯配蒸羊蹄甲花和口感苦涩的蒸木瓜叶蘸着辣椒盐吃，尽管难以下咽，但不得不吃。少数民族同胞习惯吃糯米饭，但那时糯米的种植面积不大且产量不多，他们也要吃粳米。他们挖出木薯，带回去擦成丝，包在布中，用石春把木薯中的水分捣压净，掺到粳米中一起蒸成木薯糯米饭，也许叫糯米木薯饭更准确，因为原料主要是木薯。在蒸饭的时候，妇女们会将米放入一个木篓中，蒸到半熟时，把米饭盛出倒在簸箕上，用冰冷的溪水过一遍，再放进木篓，同时放入擦好的木薯丝，上面再盖上一层羊蹄甲花或是木瓜叶，接着蒸熟。神奇的是，这样蒸出来的饭，将其用手捏成饭团后再吃，吃起来的感觉跟用糯米做的几乎一样。当然吃多了也会腻，我经常会想起在河内时母亲用木薯配米饭的做法：将木薯剥皮后切成小块，用葱、油、盐和鱼露炒，或是将切成块的木薯加水，与青菜一起煮成木薯汤。人人吃了都赞其美味。仅仅只有木薯、水、盐和青菜这几样，但变换烹煮方法就可以变成不同的美食，不会让人厌烦。如果加些味精，又可以做成一碗特色的纯素汤。

据说芒族同胞还会用木薯做菜或腌酸菜，可惜我没有品尝过。我原本有机会在西原地区与那里的芒族同胞一起生活几天，主人大姐热情地挽留我们并用嫩木薯叶煮汤来款待我们，可惜的是，我们着急离开，没有品尝到。不知道什么时候才能再次品尝这道美味。

几十年前，河内市场上还流行过木薯饼和木薯甜品。这种木薯饼是用干木薯磨成的粉做的，里面有豆馅，包在叶子里，吃起来有点苦。人们还用蜂蜜做木薯甜品，白色的木薯块用蜂蜜水熬得黏黏的，趁热吃非常好吃，吃的时候若加上姜来提味，别提多香了。

从事考古这一行，我难免东奔西走，足迹遍布越南西北、北部、西原、南部，无论走到哪里都免不了要跟木薯打交道。严寒冬夜，在一整天奔波于挖洞、爬坡、发掘后，我们围坐在火堆旁，畅快聊天，大碗喝酒。喝的是木薯酒，有些人家的酒非常香，有些人家的酒喝起来让人头疼欲裂，喝完后连着几天整个人都晕晕沉沉。原来用木薯酿酒，一不小心，木薯表皮里的毒素就会渗入酒中，变成"毒酒"，喝后那感觉终生难忘。

我记得有次在乂安省顺州进行发掘工作，和泰族同胞住在一起，他们会用木薯做咂酒。每家都有现成的大酒罐，里面是用木薯和米糠酿的酒。哪家有喜事或是盖房子这些大事，全村的人都会聚在一起喝同一罐酒，从早到晚，一整天都沉浸在酒香和欢乐的氛围中。咂酒要兑上泉水，用水牛角比赛喝酒，这样喝咂酒，可以消除人与人之间的隔阂。

听说北江的云村酒也是用木薯酿的，这种酒醇香浓郁，但人们对发酵、祛毒、蒸馏的步骤严格保密。

木薯从土里刨出来要立刻食用或是加工以便保存，木薯一旦发黏发黄，人们称“变色”，这样的木薯有毒，煮出来发苦，就不能吃了。在一次考古挖掘过程中，我们一整个月都在清化省的深山里度过，住的是草棚。每次乡亲们耕地回来路过都会给我们几个木薯，我们剥掉皮，用纸包着烤来吃。吃多了就腻了，但放久了木薯又会变色。我听说顺化人会把木薯放在水里做成木薯粉，虽从未做过，但我跃跃欲试。我剥掉木薯皮，把木薯放在水桶里，每天去溪边换水。神奇的是，泡在水中的木薯会自己析出淀粉，淀粉沉淀在桶底，只需要将木薯剩下的芯倒掉，就能看到桶底沉淀凝结的木薯粉。只需要每天换水，桶里的木薯粉就能一直保持洁白并不会变酸。整整一个月，就这样不停地泡水、沉淀，当发掘作业结束时，我用手将木薯粉捏成小团，加些猪油、葱做馅，用鲜香蕉叶包着蒸熟，我做出的这种饼被我们这个越南—孟加拉国际发掘团队成员称为特别的一餐。

后来，在顺化作关于古代皇家御厨的考古研究，我才有机会了解这种用水过滤木薯粉的正规步骤，并知道木薯粉是顺化地区饮食文化中的一些代表性特产美食的必备原料。我也听说了关于阮朝末代皇帝吃早餐的故事。原来，皇帝也喜爱将用泥锅做出来的木薯糯米饭配鱼露原汁作为早餐。只不过更讲究的是，皇帝的筷子是用鲜竹子做的，皇帝的泥锅只用一次就要打碎。

在古都顺化才华横溢的饮食大师们面前，我不敢班门弄斧，展示我对用木薯烹煮菜肴的了解。只能说如果没有木薯，那顺化饮食该如何存在？制作饼、糖、甜品、虾片时，除了木薯粉还能用什么来替代？

如今，食用熟木薯再次在城市人的生活中普及开来。无论在市场还是街边，经常能看到挑担售卖熟木薯、熟红薯的（置于铝托盘中）小贩。到了夜晚，推车叫卖木薯的小贩还会出现在河内的很多小巷中。热乎乎的木薯冒着热气，被整齐地摆放在自行车后座上的小玻璃箱子里，箱子里闪着明晃晃的霓虹灯，对那些爱吃零食的人来说无比诱人。

说来也奇怪，木薯起源于拉丁美洲，但到越南人的手中却变成了享誉全球的越南特产。有人好奇，越南的饮食文化特色体现在什么地方？想一想，它不就是体现在眼前嘛！不管从哪里来的物产，越南人都不会拒绝，非但不排斥还很乐于接受，然后提升、创造出属于自己的东西，这就是文化！

直到现在，我还是无法完全理解母亲过去常说的那句"活着就要吃木薯"是什么意思。母亲啊，世上哪能什么事都能被完全理解呢！是这样吧，母亲？

禾虫味道

小时候，河内一变天就闷热难当，快要下雨时，祖父总说："又要有禾虫了！"果不其然，一大清早，挑着两大桶禾虫的大娘就开始在巷口吆喝："谁买新鲜的禾虫呀……"大娘的吆喝声高亢嘹亮、绵延不绝，叫醒了整条街巷的人，引得家家户户赶忙拿着小碗跑出来，争相购买，生怕晚来一会儿就卖光了。

我们一群孩子跑出来，围在斜靠在电线杆上的禾虫桶的四周。禾虫在桶中蠕动着，奇怪的是，不管桶下面如何，桶上面看起来那么平顺，犹如这是一桶甜羹。许许多多的禾虫紧紧缠在一起，看起来像"一块"禾虫。它们有些是粉红色，有些变成了灰绿色或淡紫色。大娘微笑着，娴熟地盛出一碗又一碗禾虫卖给客人。胆大的孩子就偷偷夹起一只，拿在手里玩儿。我也学着用小棍挑出来几只，放到叶子上，然后我们就挪到一个角落里，兴致勃勃地研究起这些奇怪的活物。

我们把禾虫放进水沟里，看它们如何在水里游动、身上的茸毛如何翻动。我们激烈地争论着禾虫肚子里有什么。然后，我们解剖了一条禾虫，又开始讨论起哪里是肝脏、哪里是卵……也不知道谁对谁错，反正那时候也没有关于禾虫的科普书籍。现在河内的孩子可不像我们那时候，趿拉着木屐在街上晃荡，解剖禾虫、斗蛐蛐、捉蝉。正是这些童年游戏和强烈的好奇心，促使我后来选择了生物学专业。谁能料到，课堂上，当我第一次走进生物实验室时，竟就与儿时相伴的禾虫再次"亲密"接触了。禾虫隶属多毛纲，我们的那些标本都是从海阳省京门、金城、清河、四圻这些盛产禾虫的地区收集来的。采集禾虫标本要在捕收禾虫的季节进行。农民常说"九月二十，十月初五"，是捕收禾虫的两个时间点，即农历九月二十和十月初五。禾虫的生长期从五月直到春节，成熟期就正好是九月底。

我心中暗暗感激卖禾虫的大娘，感谢海阳人。正是他们，让我能有机会一连几个小时观察禾虫如何蠕动着穿过水沟。小小禾虫奇妙的生命力激发了我的好奇心，使我沉醉其中，引领我进入生物学研究领域，并伴随一生。

和邻居们不同，卖禾虫的小贩来时，我母亲却没有兴趣。我跑过去问她："娘，你怎么不去买禾虫？"她笑着说："干嘛吃那种东西，恶心死了！老人说禾虫和海鱼都有毒，别吃那东西！"母亲说有毒，我就信了，但并不知有什么毒。

那时每天只上半天课，不像现在的孩子，得在学校里待一整天，中午也在学校吃饭。所以每天午餐过后，我才和小伙伴们去上学。中午，河内歌剧院的喇叭响后，父亲便从还剑湖邮局骑车回来，和全家人一同吃午餐，吃完打个盹，再骑车回去上班。我们也要梳好头，穿戴整齐，结伴走路去学校，没有大人接送。放学是最快乐的，放学铃声响起后，我们走在回家的路上，有时会去看看耍猴表演，然后闻着沿街饭馆里飘出的诱人香气说笑着回家……

一天，大家热烈地说着自己家中午吃禾虫的事，怎么去毛、怎么煎或是用什么炒……我听着馋得不行，但没敢提母亲的话："吃禾虫很恶心……"后来，一次与历史学家、考古学家陈国旺教授交谈，我才明白，我们对饮食应有包容之心，就算你不能吃虾酱、生猪血羹，甚至对一些食物感到害怕，也不该贬低吃这些食物的人。看到那些吃不惯臭乎乎的外国奶酪的人，即使你能吃也别笑话人家土。要懂得尊重别人的喜好，听取别人的意见。吃不吃禾虫只不过是自己的事情罢了。

我妻子家对禾虫不仅不反感，而且逢见必买。她家的老人尤其喜爱这道菜。岳母经常做煎禾虫肉饼，这是最普通的做法：鲜禾虫焯水去茸毛后，肉质会变得紧实，与鸭蛋、猪肉末、茴香、陈皮搅拌，然后捏成鸡蛋大小的饼，放进油锅里煎至两面金黄，诱人的煎禾虫饼就做好了。还有的老人用禾虫炒茭白片。海阳省的许多地方盛产茭白。第一次吃这道菜时，心中不免发问：如此美味，为何母亲不吃还说有毒呢？为什么祖父母也很抗拒呢？实际上很多河内人都有种思想，不肯接受陌生的东西，认为外形怪异便不肯接纳。然而如果我们的祖籍在海阳或与海阳人结合，我们就会将禾虫奉为"国粹"级别的菜肴。

我的朋友阿清在医科大学工作，是海阳省人。每次他从老家回来，都会邀请部门里同组的同事和朋友喝一杯，并常常吃他爱人亲手做的禾虫酱。我经常吃河内的小虾酱。第一次受邀吃禾虫酱，看到桌上摆着的生菜、白肉、青邑蕉、鲜姜、葱头、炸花生、鲜辣椒，我心中暗想：也没看出与蘸虾酱的菜看有什么不同。但当与众不同的金黄色禾虫酱被端出来，与盘中的肉、菜及酸甜辛辣各味调料混合，配上一口米线，抿一口小酒，那绝妙的味道瞬间在舌尖炸开。

继续挖掘海阳人还能怎么吃禾虫，我惊讶地发现原来我所知道的如此之少。仅煎禾虫饼、禾虫酱就有多种吃法。海阳人还用禾虫做禾虫糯米饭、禾虫汤等，太多有意思的吃法了。

武凭老人在世时曾形象地说："用禾虫酱要配虾，一定不能少了芹菜和茼蒿。"他认为："吃禾虫酱千万不能少了这两种蔬菜，不然就如同和美女擦肩而过，有缘无分，太可惜！"

啊！原来禾虫酱的正确吃法是这样！原来我最终还是没能正确吃上禾虫酱啊！

我决定择日尝试一下武凭老人的经典吃法，体验明虾、茼蒿、水芹、禾虫酱在舌尖上的互动，究竟能谱写出何等非凡的古典美食乐谱！

鲜禾虫焯水去茸毛后，肉质会变得紧实，与鸭蛋、猪肉末、茴香、陈皮搅拌，然后捏成鸡蛋大小的饼，放进油锅里煎至两面金黄，诱人的煎禾虫饼就做好了。

河蟹上位

　　我小的时候，螃蟹到处都是，人们在田里做农活的间隙，随便挖个坑，只要等一会儿就能捉到一串螃蟹。下午小孩子放牛回来，人人手里都拎着一串用草绳绑着的河蟹，带回家给母亲熬汤用。有些人在田边把刚抓来的螃蟹直接烤了吃。那时螃蟹十分常见，没人当回事，因此没有什么人会在请客时上一道螃蟹。

　　我的整个童年，尽管与兄弟姐妹一直在河内生活，但最常见的肉类仍然是河蟹。那时，肉类需要凭票购买，要是听到有邻居议论着商店里刚刚进了海鱼，母亲就赶紧让我拿着篮子去排队，经常是排几个小时才能买回几两个头几乎和硬币差不多大的冰鲜鱼。把鱼拿回家打成鱼泥，掺上面粉，加些茴香，煎一下，就算是改善伙食了。虽然很少能吃到肉，但我们兄弟姐妹几个仍然像吹了气的气球一样疯长，能吃能喝，没有谁营养不良。也许真多亏了母亲用各种办法帮我们七个孩子补充营养，其中最常见的就是用河蟹烹煮各种蔬菜，这样的菜既富含蛋白质、矿物质，又能补充维生素。

　　小时候我经常跟母亲去逛市场。母亲好像与所有摆摊的人都认识，谁见了她都要跟她热情地打招呼，就像从同一个村子里出来的一样。卖螃蟹的大娘将十几只螃蟹和巨大的田螺筐摆在面前。那些螃蟹像是上了枷锁一样，蟹钳被紧紧夹住，排成一行行。个头最大的蟹钳也最大，这大多是公蟹，要放在最前面，个头小的则排在后面。螃蟹一只挨着一只，每只蟹钳都用草绳绑着，一行行螃蟹依次整齐地排列着。母亲一次买三行，就足够做一大锅给一家人享用。

　　我一般负责剥蟹壳、取蟹黄、捣蟹肉。捣蟹肉最麻烦，如果技术不好，蟹肉常常到处飞溅，弄得满脸都是。蟹肉捣起来非常黏，黏得石舂和石臼上都是，所以很累人。捣好的蟹肉过滤下锅做汤，这一步就由母亲负责了，如果弄不好，会很牙碜，没法吃。

　　所有的螃蟹被拴成一串，绳子从两只蟹钳中间穿过，它们横七扭八不停地乱动，看起来十分奇怪。人们说"像螃蟹一样横行"确实有道理！就算是强行把它们排成一行或者一列，恐怕它们也没办法同时向前行进。有时赶上母蟹正在受孕，扒开蟹肚子上的壳，可以看见里面密密麻麻全是小蟹。我把小蟹放到假山池里养，它们长得极快，从开始的只有半粒米大小，只几个星期后就有小拇指盖大了。可能正是由于那时喜欢观察禾虫、河蟹这些菜篮子里的小生物，才使我日后选择了生物领域深造。

　　那时，母亲用市场上这种普通的河蟹为我们做了很多可口的美食。有时是酸汤河蟹米线，有时是河蟹粥，还有用各种蔬菜熬煮的河蟹汤，有白菜、空心菜、木耳菜……更诱人的是用水合欢菜或者芋头熬的河蟹汤。后来我才领悟到这些食物才是纯粹的越南饮食，充满越南特色，具有宝贵的文化价值，非常值得好好保存。

一次，我与同是黄梅村人的历史学教授阿祥一起，阿祥教授向我炫耀他用夜来香与河蟹熬成的汤。我确实没吃过这道菜，觉得这太神奇了，进而我突然想到，世界上还有没有其他地方的菜单上会出现夜来香河蟹汤这道菜呢？

我从没有研究对比过越南菜式和饮食方式与周边其他民族有什么区别，但越南人对河蟹、鱼、黄鳝这些水产品进行剔肉、捣骨、榨汁的烹饪方式应该是很独特的。从事动物考古研究的我也曾考察过不少古代洞穴遗址中原始人遗留的烹制场所遗迹。经过研究我发现，距今数万年的和平文化的荒蛮时期，越南人就已经懂得食用河蟹了。此后，越南人还学会了开垦田地，甚至深耕细作，河蟹一直在我们的水田中生活，伴随着我们民族的形成和发展。

前几天，朋友请我去吃特产。餐桌上菜肴丰盛，黄油煎土豆、猪肘蘸盐、番茄焖牛肉、炸虾、柠檬小牛肉、清拌山羊肉……宴席结束离席前，大家一起来评选最好吃的一道菜，最后居然是"河蟹木耳菜青茄汤"得票最高。

看来河蟹已经上位了！

美味的酸汤蟹牛肉米线

　　清晨，我去还剑湖锻炼时，每次路过家门口的酸汤米线店，总能看到这里生意兴隆。老板娘起初只卖酸汤豆腐米线，鲜红的蟹肉汤上漂着一层油，番茄和金黄的煎豆腐令人垂涎欲滴。随着客人越来越多，老板娘也不断推出新品，如螺蛳蟹肉酸汤米线。我暗忖：好家伙，蟹肉酸汤米线和螺蛳米线怎么能混在一起呢？这两样食物混在一起会不会有什么禁忌？不料几个月后，看到店里又出了一道更奇特的新品——酸汤蟹牛肉米线！

　　蓦然想到越南现代作家阮遵对混搭食材的一句评判——加入某样食材，它可能会把整道菜的味道都"暗杀"。我不敢说食材会互相"残杀"，但酸汤蟹和牛肉的结合实在太怪异了，我打从娘胎里出来就从未见过这样的吃法！

　　我不是一个保守的人，并非认定每道菜都要机械地完全依照老一辈人的传统来做，也绝不会只要见到改良食物就表现得"食而不知其味"而"口诛笔伐"……所以我打算找一天去尝一碗酸汤蟹牛肉米线，试试味道到底如何。不知螃蟹和牛肉在同一碗米线中"争锋",是否会"残杀"我的舌头和肠胃。

记得小时候的河内——在五六十年前,番茄只有冬天才有,不是全年都能买到的。那时候的番茄也与现在的不同,没有这么圆,这么大,也没有空心的番茄和现在的圣女果,那时的番茄只比小指指节大一点,就像现在在街头摆摊常卖的那种一样。

每到番茄成熟时,母亲就买一些回来,去掉皮和籽,加盐煮,然后灌入瓶中,淋上少许油后密封,这样就可以吃一整年。母亲说,做酸汤蟹米线,若是没有放番茄,味道就不对了。在没有番茄的时候,就只好买盒装的番茄酱,或添一些黄花菜粉,让酸汤的颜色变红。

过去我母亲做酸汤蟹时,会放点糯米醋来提酸。若是没有糯米醋,就用酒糟或者青阳桃片替代,偶尔也会用酸豆角。祖母说,用糯米醋或酒糟做出来的味道会更香、更柔和。

母亲用切成片的香蕉茎或者香蕉花作为酸汤的配菜,此外,还有从梅子市场买来的切成丝的本地生菜。不知为何,如今没有多少人吃香蕉花和香蕉茎了,市场上也很少见到这些了。本地的土生菜更是少见,取而代之的是进口的生菜和其他几种原产于欧洲的香菜。

从前,母亲做酸汤蟹时,总是将处理螃蟹的任务交给我——开蟹盖、去壳后,用石杵将螃蟹捣碎。我最怵捣碎螃蟹这一步,因为石杵很重,如果技术不纯熟,容易溅得满脸都是螃蟹碎。好不容易熟练了,有人给我家送了一部手摇捣碎机，我可以用它来捣螃蟹。母亲却不喜欢这种改良的捣蟹方式。祖母也说捣碎机有股生铁味，捣出来的蟹没有手打的细腻，不好吃。尽管如此，祖母还是允许我用捣碎机干活，算是解放劳动力，也让我有更多的时间做作业。

后来对各种食材有了了解，我才恍然大悟，原来酸汤里不可或缺的番茄并不是土生土长的本地货。番茄的学名是*Solanum Lycopesium* L.，原产于南美洲，16 世纪才被欧洲人带到了"旧大陆"种植，又过了很久，番茄才与其他各种蔬果一起引入越南。以前西贡人把番茄叫作"托马果"，是根据英语"tomato"的发音来叫的。北方人则称之为"酸果"，因为它酸酸的味道与越南普通家庭餐桌上常见的小酸茄差不多。

可见，如果祖父母那辈人坚持用传统的方式做酸汤蟹米线，那么酸汤蟹米线就不会有现在这种油亮的红汤，也没有配生菜和香菜的吃法。

而母亲传承给我的传统酸汤米线以及舂蟹、捣蟹的做法亦不同于上一代和新一代，这才引发好奇并驱使人们去探索酸汤蟹米线在我们饮食史中的变迁。这么看来，到现在这种螃蟹加螺蛳或螃蟹加牛肉的吃法真可谓是民间饮食领域的一场大革命。

每至岁末年初，一连多日的粽子、肥肉以及各式煎炒烹炸食物让人们对大餐产生"审美疲劳"，人们开始渴望一碗热气腾腾、酸辣可口，并配有清爽、新鲜蔬菜的酸汤蟹米线，尽管它没有大鱼大肉，但却能让你的肠胃舒畅，让你的舌头不至于因大吃大喝而变得麻木，让你的嘴巴不会吃什么都觉得

一连多日的粽子、肥肉以及各式煎炒烹炸食物让人们对大餐产生"审美疲劳"，人们开始渴望一碗热气腾腾、酸辣可口，并配有清爽、新鲜蔬菜的酸汤蟹米线……

苦涩无味。家庭主妇们因此想出一种方法，用储存的河蟹专门缓解肠胃的饱与不适。主妇们节前在市场上买来新鲜的蟹，洗净剥壳，放进搅碎机，打成黏稠的蟹酱，然后放进冰箱的冷藏室里，节后再拿出来慢慢吃。

我一个朋友因为祖父去世，所以今年春节按习俗他不能去给别人拜年，因此我主动去他家拜年。到了大年初四，无论谁请我吃饭都会谢绝，但没想到那天女主人待客的菜肴正是我心心念念的酸汤蟹米线。

我与朋友喝酒聊天，不一会儿，女主人端出了两碗热腾腾的酸汤蟹米线，一碟切细的生菜和焯豆芽，托盘上还有用大头菜、胡萝卜、紫甘蓝和干牛肉做成的凉拌菜。看到这碗酸汤、这盘蔬菜和凉拌菜跟平时见到的略有不同，我问道："这是什么呀？"女主人笑着说："你尝尝，这就是酸汤蟹啊！我家的孩子喜欢吃这样的，我就这么做，他们说过去老人们做的那种传统酸汤蟹米线太稀了，吃起来虽饱得快，但晚上容易饿，肚子咕咕叫得受不了。"端起热气腾腾的酸汤米线，放几片鲜辣椒，尝一勺汤，我突然分辨出这种没有机会尝试的陌生香味，这不正是酸汤蟹牛肉米线的味道吗？汤底用螃蟹熬制，添些牛肉和骨头汤，再加入几片青菠萝提酸，碗里还要加些炸豆腐。我慢慢体会着这奇妙的滋味，确实很不寻常，我从未吃到过。柔和的甜味，没有传统酸汤米线那种强烈的酸味，也不像加了辣椒油的酸汤那般火辣……这正是饭馆里卖的酸汤加牛肉的味道，原来如此！

一碗酸汤蟹米线被我吃干净了，女主人热情地邀请我再吃一碗。我本想谢绝，但实在想让舌头牢牢记住这味道，便点点头，又添了一碗。

吃完后，女主人问我："味道如何？"

我如实回答："谢谢您，太美味了！"

烤肉之味

上小学时，课本里有一个故事《闻肉香，付钱响》：

从前有个穷学生，每天中午放学后都饿着肚子回家。走过烤肉米线店，闻到香气扑鼻的烤肉味，穷学生不禁停下脚步，大吸一口，称赞其香味诱人。穷学生日日如此，引得店主不满，店主揪着穷学生的衣服，责怪穷学生吸走了烤肉的香味，叫穷学生付钱。穷学生说："你把盘子拿来，我这就付。"等店主拿来盘子，他从兜里掏出硬币，丢到盘子里，硬币落到瓷盘中发出清脆的叮当响声。随后穷学生飞快地又把硬币拿起来放回兜里，对店主说："我闻你家的烤肉味，付给你硬币声，我们扯平了！"

本以为这很久以前的故事早被遗忘了，谁知很多时候还是会被我们不经意间记起。配给时期，生活困难，母亲平日里精打细算积攒下的肉票，要等到节假日，孩子们从各地回来，才能买点猪肚子肉，做烤肉米线，让大家好好享用一顿大餐，我们称之为"吃顿新鲜的"。那时候河内人能吃顿新鲜的机会很少，只有在国庆节、国际劳动节全家人才能团聚。

那时，每次烤肉，香味都弥漫整条巷子。邻居就会纷纷议论："那家人今天要大吃一顿了！"我母亲只是笑着说："三两肉给十口人吃！"我母亲很讲究，每次都要先烧炭，然后用竹夹子将烧得通红的木炭夹起来，放进旁边一个盛着水的罐子里，母亲管这样做叫作"炼炭"，这些炼好的炭被储存在炭炉边挂着的篮子里。母亲说，烤肉要用木炭，烤出来的肉才香、才好吃。烤肉渗出来的油脂滋滋地滴在木炭上，散发的油烟香气诱人。烤肉烟味很大，要是头发被熏过，必须洗头才能去除味道，因此母亲每次烤肉都要拿一条毛巾包住头发。我母亲过世很多年了，但每次拜祭，我们兄弟姐妹都会在她的供桌前摆上一盘烤肉米线。

昨天正赶上母亲的忌日，妹妹买回来一个非常高级的电烤炉。把肉放在烤盘上，按一下按钮，烤炉灯亮起，烤炉便开始工作，烤炉下方有一个托盘，肉渗出来的油脂会漏进下面的托盘里。我们都夸赞不已："太好了，又干净又现代，一点油烟都没有！"

但当我们把肉串从电烤炉中拿出时，却闻不到母亲以前烤"大餐"的香味，虽然吃到口中的味道依旧，但鼻子却闻不到香味，好像失去了什么似的。

原来烤肉的香味是烤肉米线不可缺少的味道。老饕们不但要让味蕾得到满足，还要让鼻子闻得到食物的香味，这甚至已经成为品鉴美食的重要标准。

传统饮食中的精致和诗意，又怎会轻易地被现代化生活取代呢！

河内香蕉的那些事儿

作为土生土长的河内人，我不敢把河内的香蕉与其他地方的香蕉一较高下，因为各地的香蕉品种不同。不知道顺化的香蕉是不是比河内或西贡的更大、更香、更美味，我就说说自己知道的吧。

河内的各种香蕉

香蕉是什么时候出现在河内的？可以肯定的是，从我出生起，河内就已经有香蕉了。后来在书中读到，中国西晋时期的植物学家、冒险家嵇含游历南方，曾到过越南，见到一种奇特的植物，正是香蕉树。在他的著作《南方草木状》中记载，香蕉树是一种奇特的植物。他还提到，南方人用香蕉茎秆上的纤维织布。

不得不说的是，二十世纪五六十年代，我还是个孩子，母亲给我们吃的香蕉远不如现在种类丰富。现在的香蕉品种很多，有香芽蕉、芭蕉、米蕉、贡蕉、苹果蕉、野蕉、西贡蕉……

此外还有观赏蕉。观赏蕉通常种植在盆景里的假山旁，它是一种迷你香蕉树，有树茎和叶子，但我从未见过它结果。

香芽蕉和芭蕉是河内最常见的香蕉。香芽蕉一般直接食用，很少有用来做菜，除非是把青香蕉用作调料，取它的涩味，混合阳桃的酸、姜的辣、葱的呛、花生的香和辣椒的辛，拌在鱼露里吃。青香蕉还是烹饪田螺豆腐、炖赛水鱼的原料，可加小青圆茄一起煮。香蕉花味涩，因此不用于做凉拌菜或直接吃。

入秋后，天气清凉干爽，河内街头挑担的小贩开始售卖完全熟透的整把香蕉。小贩们轻轻将这些金黄色的香蕉拿出，放在垫了干香蕉叶的竹箅上，竹箅下面架着箩筐，看起来就像散发着诱人香蕉味的花一样。民间把这种熟透的香蕉叫作"鹌鹑蛋蕉"，因为香蕉的金黄色表皮上长了一些黑色斑点，就像鹌鹑蛋蛋壳上的花纹一样。

熟透了的香蕉香甜软糯，再配上河内望村的扁米糕，哪里还能找到这样有特色的、属于北方秋天的美味呢？

芭蕉则比香蕉圆些、粗壮些，也短些。除了直接食用，芭蕉还可以用来做炸香蕉饼。把一根芭蕉纵向剖成两三条，裹上混合了红薯丝的黏稠面糊，放进热油锅里炸，炸熟后捞出。清冷的冬日，在古街游荡一下午之后，来上一块热乎乎的炸香蕉饼就是最好的奖赏。炸香蕉饼也是学生的心头好，常能看到学生趁着课间跑到校门口来买炸香蕉饼，匆匆地吃着，在上课铃响之前赶回教室。

芭蕉经过干燥加工后做成的香蕉干，销往国内外市场。

米蕉比芭蕉小、比贡蕉大，外皮薄、呈金黄色，口感酸甜。那些手掌宽大、手指粗壮的人常被调侃长了一双"米蕉手"。但实际上手指再粗，也不会比米蕉粗。

贡蕉是一种特殊的蕉，过去常用作供品。这个品种的果实小，鲜黄色的外皮非常薄，果香柔和，极具辨识度。这个品种曾一度淡出人们的视野，近些年才再次在河内的大型市场里出现。

苹果蕉的大小和芭蕉差不多，果皮厚且粗糙，底部有个尖尖的凸起。外皮里层贴着果肉的部分有层白丝。剥皮的时候要小心保留那层包裹在果肉上的白丝，因为它能让果肉有一种独特的味道，清甜中带微酸。除了直接吃，它也会被做成苹果蕉干，当然也要保留果肉外的那层白丝。

野蕉是个头最大的蕉。它个大，形状像栖息在河流和沼泽地的鹳鹆的嘴，因此北方人也把它称为"鹳鹆嘴蕉"。野蕉的果肉里有许多籽，大小如胡椒粒或木瓜籽，吃的时候人们通常直接将它的籽吞下去。南方拿来泡酒的野蕉与北方的鹳鹆嘴蕉还是有区别的。

供桌上的香蕉

香蕉是河内人供奉祖先常用的供品。过去，每逢农历初一、十五上香祭拜祖先的时候，祖母或母亲都要买一把香蕉，与鲜花、一碗清水一起，放到供桌上。到了春节，祖父要去市场挑选一把最大、最匀称的青香蕉，作为五果盘，置于供桌上，供奉祖先。除了青香蕉，祖父还会买两株小香蕉树，插在两个绘有花卉、鸟雀的青花大瓷瓶里，一左一右摆在供桌旁。

当然，那时候除了香蕉，供桌上也会有芭蕉、米蕉、贡蕉等各类蕉。

河内人吃香蕉

讲究的河内人，无论吃什么蕉，在剥之前，都要用手指甲轻轻在中间掐个印子，然后把香蕉均匀地掰成两截，将每一截香蕉的皮像开花一样剥开，然后优雅地送入口中，或蘸着桌上准备好的鲜扁米吃。母亲说这样吃才体面。

直到现在，每次见到有人在餐桌上直接把香蕉皮扒个精光，塞进嘴里大口咀嚼，我都会想起母亲的话，不自然地感到难为情。

苹果蕉和野蕉在吃的时候则不需要掰成两截。若是把苹果蕉从中间掰开，就会破坏里面的白丝，因此需要整根剥皮。吃野蕉的时候，要先隔着果皮将果肉揉搓软再吃，不然吃进嘴里会很涩。另外，通过揉搓，野蕉的果肉和籽可以很好地混在一起，吃的时候容易把籽一起吞下去。

我曾问过母亲为什么吃之前要揉搓，她说："老人就是这么教的！"

我已经很多年没有在河内见过大个、带籽的野蕉了。想向远方来的客人介绍过去河内人揉搓野蕉和吃野蕉的方法，都不知该拿什么来演示。

浑身是宝的香蕉

音乐人郑公山《悲伤的话》中有句歌词"周日下午的悲伤"，让人每次听到都感到哀愁。对我而言，本应是愉快的周日早晨，也同郑公山的周日下午一样悲伤。那些在巴黎的周日早晨，所有人似乎都在忙着采购圣诞礼物，只有我孤身一人留在廉价的出租屋里思念着家乡、亲人和朋友。每逢佳节倍思亲，越临近春节乡愁越浓。每到这时，一蒙上被子，我脑袋中闪现的场景总是家乡那简陋的茅草屋顶，或是听到冬夜里，冰冷的雨滴打在后院宽大的香蕉叶上的声音，或是静谧的月夜里，看到月光透过门廊，在香蕉叶上反射出神秘的光芒。

对越南的小孩来说，无论家境如何，柔软、好吃又健康的香蕉都是他们生命中一份最亲切的礼物。

穷人家会等着香蕉树结果，结果后把香蕉一把一把地砍下来，堆放在垫着香蕉叶的偏房中的地面上，用香将其催熟，好拿到市场上去卖几个小钱。不过，就算再穷，母亲也会给家里的孩子留一把香蕉，一人分一根。对乡下的孩子来说，香蕉就像一份健康又朴实的礼物。在城市里，每到农历初一、十五，家里供桌上都要摆上香蕉和糯米饭。通常要供一周，一周过后，每个孩子都能分到一根香蕉吃。还记得每逢中秋节，家里的餐桌上摆满了各种水果，红柿、柚子、番石榴、黄柿……但香蕉蘸鲜扁米的味道永远是最美妙的。

香蕉在欧洲是一种高级水果，常作为餐后甜点，或者欧洲人会用半熟的香蕉做沙拉。有一次，有人请我吃德式牛舌沙拉，沙拉里拌着乳酪和青香蕉片，吃起来味道平平，稍有涩味。欧洲哪有河内秋天那样蘸鲜扁米的熟香蕉呢？如果法国人来越南，被邀请吃法式鲜奶酪香蕉，会有何感想？

我第一次吃的奶酪，是父亲单位里的一位外国无线电工程师同事送给我们的。父亲将这块看起来豆腐似的白色鲜奶酪带回家，切下一点儿放在一块香蕉上叫我们尝尝。奶酪的咸味与熟香蕉的甜味碰撞在一起，我觉得既有趣又好吃。但姐姐和母亲却吃不惯，于是我就有机会多吃几块。后来我才知道，其实熟香蕉搭配奶酪的吃法在河内一些家庭中很普遍，但去过不少欧洲国家并接触西餐后，我却发现几乎没有哪个欧洲人会像我们一样吃熟香蕉配奶酪。

越南人以香蕉为食材做出的菜肴多种多样。在越南中部地区以南，食用青香蕉（也叫涩蕉）是非常普遍的。他们把青香蕉切成小块，与香蕉花、香菜，或是鱼腥草、苦菜混在一起，同白肉一起蘸着鱼露吃……北方人会用青香蕉来做鱼露的配料，青香蕉要剥皮切成薄片或丝，混合切碎的葱、姜、酸阳桃、炸花生、辣椒、香菜等，用来搭配白煮五花肉蘸虾酱吃。这道菜绝不能缺少青香蕉。后来，外面的餐馆也在一些菜里加入青香蕉，比如白菜卷汆煮羊肉、白菜卷汆煮牛肉，这两道菜一般蘸日本的绿芥末。

青香蕉是田螺炖赛水鱼里必不可少的食材。有越南美食家认为，田螺炖赛水鱼是越南杂烩这种烹饪方式里最典型、最有代表性的菜品。这道菜混合了多种味道，有种特别的臭味，但各种味道融合得恰到好处，制作也很讲究。制作时要用到螺肉、炸豆腐、五花肉、酸阳桃、青香蕉、番茄、黄姜、大蒜、辣椒、紫苏，有时候还要用波罗蜜核和虾酱；这道菜可以搭配米线、香蕉花或者切丝香蕉茎一起食用，形成一首十分有趣的美食"交响乐"。

熟香蕉除了这些平常的吃法，人们还想出了各种烹饪方式，比如水煮香蕉、烤香蕉、炸香蕉、香蕉干等。南方人还用香蕉和红豆做馅，包在粽子里。将香蕉切成薄片，一片片拼成春卷皮大小，再拿去晒干，就是香蕉饼。香蕉还可以和椰子或其他材料一起做成糖果。

小时候的冬天，一放学，我们一群小伙伴常聚集在校门外卖香蕉饼的摊前，看着裹着面粉糊的香蕉片在热油锅里慢慢膨胀，直到变成金黄色后捞出。刚出锅的香蕉饼十分烫，大家边吹边吃。既便宜又美味的炸香蕉饼，到现在想起来依然要流口水！

差点忘了还有一种美妙的南方饮品——野蕉泡酒。在南部平原，不管走到哪里，你都会被款待一碗野蕉酒。人们将野蕉晾干、烤制后浸泡在酒中。野蕉酒呈淡棕色，味甜，入口柔和。

熟透了的香蕉香甜软糯，再配上河内望村的扁米糕，哪里
还能找到这样有特色的、属于北方秋天的美味呢？

　　无论是在城市还是农村，以香蕉为原料做成的佳肴不胜枚举。仔细想来，其实不仅香蕉肉，就连香蕉茎、香蕉根和香蕉叶，越南老百姓都能物尽其用。如果你有机会被邀请参加芒族同胞的宴席，那你就能品尝到颇具特色的用香蕉茎或香蕉根熬制的骨头汤，以及苦菜汤、酸叶水牛肉等。

　　黑米糍是纯粹的越南美食，世界上很少有这种用叶子做的食物。也许，越南也只有两种用叶子做的食物——黑米糍和鼠曲草饭团。黑米糍的做法是：先把苎麻叶捣碎，与糯米粉混匀做外皮，再用肥猪肉、绿豆、椰肉等做馅料，最后用干香蕉叶包裹。虽然有苎麻叶和猪肉，但是黑米糍吃起来是甜的。鼠曲草饭团也以叶子为原料，不过味道是咸的。

　　不少糕点也离不开香蕉叶，比如扁米饼、四角肉粽、蜜糕、土豆饼等，像扎肉、酸肉春卷等其他越南美食更少不了香蕉叶的包裹。小巧的酸肉春卷外用鲜香蕉叶包成长方形，打开外面那层，里面的半个春卷居然还单独缠裹着香蕉叶。因为酸肉是用生熟两种猪肉掺和着做的，人们说里面裹上香蕉叶，酸肉才会熟，才敢吃；也有人说这样包显得大个，顾客看了才有食欲。

　　把米线一绺绺精致地铺在香蕉叶上，然后与田螺米线一起摆在竹簸箕上，这是河内过去的特色小吃，现在已经消失了。现在人们依然用香蕉叶包裹糍粑或饼，或把香蕉叶垫在夹着炸扎肉的糍粑下面，而且只用香蕉叶而不用其他叶子。

　　我在泰国、马来西亚、新加坡、柬埔寨、缅甸等国家参加重要的宴席时，他们的各类山珍海味通常也都是用绿油油的香蕉叶来垫，然后才摆放到精致的瓷碟中央。在乡下的宴席上，越南人也有用香蕉叶分餐和盛放米线、糯米饭的传统。但为何我们不延续这个传统呢？每当经过河内或西贡的超市，看到人们提着塑料袋，里面装着用印着香蕉叶图案的纸来包裹的扎肉和扁米饼，我都不禁疑惑，既然这样，为何不用真的香蕉叶来包呢？

我经常在越北和越西北地区吃烧烤，当地人的烧烤方式非常有意思：先在肉里加入香料，外面包一层香蕉叶，再直接放进炭火灶中烤。等肉烤熟了，将其从炭火中取出，整个摆上桌，再将香蕉叶一层层剥开，顿时香气四溢。这样烤制的肉非常嫩，且不像直接在火上烤那样容易流失水分。将食材整个包起来烤的这种做法是人类最古老的烹饪方式之一。

香蕉的叶、茎、叶鞘还有许多其他用途。香蕉叶表面有一层天然蜡质层，能够有效防渗水，因此干香蕉叶是极好的防水材料。在塑料袋出现之前，人们常用干香蕉叶盛放种子，或是水烟丝，置于厨房的阁楼上。用干香蕉叶做的酒塞，可以使酒长时间不变味，还能让酒产生一种特殊的香气。将干香蕉叶团起来做成的塞子堵在储存豆子、芝麻、花生等干货的瓦罐口，可以有效防潮隔热。摄影家阮伯款用这种传统的土方法保存了上千卷抗法时期拍摄的珍贵胶卷，使胶卷不曾发霉。

把香蕉叶埋在土里，香蕉叶会腐烂、分解。如今，全世界都头疼白色污染问题，何不重新使用香蕉叶呢？

香蕉的叶鞘和茎，这些看似没有用处的东西，对越南百姓来说却十分有用。香蕉茎可以用来给在河里学游泳的孩子们做浮漂，还可以切碎喂猪。香蕉叶中间的茎可以用来做成玩具手枪，给放牛的孩子"打仗"用，摩挲叶茎发出的声音，听起来就像真的枪声一样。

妻子的学生从清化给她带了土特产——螃蟹。螃蟹排成一排，放在香蕉叶鞘里，坐了一整天的火车来到河内，螃蟹仍然鲜活。香蕉叶鞘的保湿功效由此可见一斑。

家乡是一串甜蜜的阳桃

第一次听到《家乡》这首歌是在西贡的时候听我的表妹红英唱的。她的父母 1954 年从北方去到南方。她出生在西贡，在音乐学院学习，解放后在城市旅游公司的乐团做伴奏和歌手。那时候，她的父亲和大哥在清化省上学，她的母亲，也就是我的姑姑在医院当大夫。

那天晚上，红英为我演唱了这首《家乡》（甲文石将杜忠军的诗歌《孩子的第一课》进行谱曲）。她唱得很投入，歌声中充满了深情：

家乡是一串甜蜜的阳桃
每个人只有一个家乡
就像我们只有一个母亲……

后来，表妹全家都去了国外，有的去了美国，有的去了法国，但所有人都深深眷恋着家乡。

后来在巴黎与表妹重逢，她早已定居于此。我观看了她的演出，再一次听到这段熟悉的歌声：

家乡是一串甜蜜的阳桃

每个人只有一个家乡

就像我们只有一个母亲……

表妹的歌声以及歌声中的感情使我不由得想到阳桃。我曾一度感到非常困惑，阳桃同槟榔、香蕉、椰子、榴梿、山竹一样，只是越南这片土地上生长的一种水果而已，为什么人们对它寄托了如此深厚的感情？

后来，我痴迷于研究越南饮食，发现不少生长在我们这片土地上的水果，它们的"根"都不在这里，它们是"外来户"，而我们的祖先，一代又一代人用他们的双手精心培植，使它们变成了越南水果。

阳桃原产于斯里兰卡，经过我们祖先的精心培植，繁衍出很多种类，酸阳桃、甜阳桃、有点涩的饭阳桃、果软味甜如糖的矮阳桃，以及小巧可爱的种在花盆中的盆景阳桃，不少老年人喜爱种盆景阳桃，以此陶冶性情。

阳桃也勾起了我的童年记忆。那时候，每到拜祭曾祖的日子，父母都会让我们回到乡下老家。家中院子里的阳桃树上挂满了果子。我们兄弟姐妹几人偷偷摘几个阳桃，切成薄片，加点盐、糖和鱼露，哇，怎么如此美味！

到了年底，大家团聚一堂，母亲会去市场上买回一整包大阳桃，切开后用盐腌一下，然后晾干，春节的时候用糖炒一下做成阳桃话梅。浸渍着浓浓蜜糖的阳桃混合着炒鲜姜味，让我们刚闻到就直流口水。

长大后我们分散在各地，有了自己的生活。一天，我与妻子在市场上买了一条活蹦乱跳的新鲜鲤鱼，想着这下可以做一道美味的酸汤鱼了，但一切准备就绪后才发现忘记买阳桃了。酸鱼汤如果缺少阳桃和茴香，哪还能称为酸鱼汤呢？我也只好再蹬上自行车回到市场，好在与我相熟的卖菜大娘还有一篮子软熟发黄的酸阳桃。

又想起小时候的冬天，母亲经常做白肉蘸肉末虾酱。肉末虾酱要用母亲沤出来的绛紫色的虾酱和红葱头与肥肉一起做，如果缺少了充满烟火气的酸甜辣味，又怎么能叫作虾酱呢？这道菜吃的时候必须有各类香菜，切成薄片的青香蕉，还有鲜红葱头、姜、炒花生碎、鲜辣椒、生菜，当然绝不能缺少切成薄片的五角星形状的阳桃。白肉与各种配料一同裹成卷，蘸上肉末虾酱，入口的那一刻对善品的越南老饕来说，无疑是一场味觉的盛宴。有时没买到阳桃，我也会尝试用菠萝代替，但阳桃是阳桃，菠萝是菠萝，根本无法互相代替。

真希望哪一天能再见到姑姑和表妹，全家聚在一起。如果真有这么一天，就算天涯海角，我也要想方设法找到几个酸阳桃、涩阳桃与虾酱，做一顿像样的纯正越南餐，邀请姑姑品尝这家乡的味道。写到这里，耳边似乎再次悠然飘起表妹那充满伤情的歌声：

家乡是一串甜蜜的阳桃

每个人只有一个家乡

就像我们只有一个母亲……

啊！家乡是一串阳桃，这阳桃不只有酸、涩，还充满着甜！

同母亲去同春市场

小时候，一到春节母亲总是带我去同春市场。对小孩来说，出门总是有无限的快乐。

母亲打开衣柜，拿出干净的衣服递给我。西式的裤子上有两条背带，胸前有一个围兜。衣服塞进裤子里，穿上袜子、皮凉鞋，头发梳得整整齐齐……这就是过去河内小孩的穿戴风格。

母亲穿奥黛，头上裹着丝绒头巾，提着藤篮，带我到苋桥坞那里等电车，电车一到，我便紧随母亲登上第一节车厢，我最喜欢两头有方向盘的车厢。司机一手握着沉重的黄铜挡把，一手操控着方向盘。每次上车，我都要想方设法踩几下司机脚下的车铃。车铃大如碗口，圆润光滑，踩一下就发出叮当声。司机大伯见到像我这样穿戴整齐的小孩子，也就放任踩几下。售票员手里拿着发亮的皮票夹，皮票夹上绑着红黄蓝三种不同颜色的车票。小孩不用买票。

母亲领我坐下，但我喜欢爬起身来，伸着脖子看窗外的车水马龙。过了晚市就到牌行街，然后是还剑湖。电车驶过桃行街、横行街、糖行街，同春市场就到了，这里到处房屋林立，行人如织。

在市场门口一下车，热闹的气息就扑面而来。市场门前围有一圈小桌，售卖糖果和糕点。卖糖的摊主手里总是拿着一把剪刀，咔咔地活动着剪刀，吸引客人。门口边上的大娘忙着给客人剥田鳌。

母亲带着我走进去，整个市场都充斥着喧闹声。铁皮屋顶下的市场被卖货摊位分隔出供人行走的过道。紧邻大门口的是水果区，橙子、柚子、苹果、梨子、葡萄等水果的味道混在一起，散发出诱人的香气。现在的水果个大、卖相好，但是果香却不如过去。穿过水果区，母亲领我来到旁边的布艺区，我的姨妈就在那儿卖布。姨妈看到我，马上把我抱进怀里，然后让我坐在高高的布堆旁。后来我才知道，姨妈是越盟在城里的基层联络员。在那成堆的布匹中，隐藏着很多越盟转入转出的资料和文件。

姨妈把卖莲子羹的阿姨叫来，给我买了一碗，让我跟她待在一起，好让母亲腾出手去买年货，但我央求着要跟母亲去看看其他的摊铺。

母亲便带我去干货区买粉丝、竹笋、香料和味精。我最喜欢装味精的黄色盒子，每次一回家，祖母把味精分给各家后，盒子就归我了。偶尔还会遇到熟人向我们打招呼，母亲就告诉我："这是黄梅村的阿姨，到哪儿都能碰见熟人！"母亲买东西时会说："请给我称一斤绿豆。""请给我几串虾。"我很疑惑，自己买东西，为什么不停地说"请"呢？母亲笑着说：

"体面人说话做事都要体面啊！"

那时候，对虾是很常见的。人们用长竹棍把虾串起来，每串五只，然后晒干。母亲会买几串回来，回家后配上几片猪皮、一包绿豆粉丝、几两香菇、一包胡椒和几两各种调味粉做成汤。

通常买完东西后，母亲就带我去花鸟鱼虫区转转，那是我最喜欢的地方。我入神地看着猴子剥香蕉吃，蛇蜷缩在铁笼子里，金鱼在玻璃缸里游来游去……猛然间，我看见一个戴墨镜、穿风衣、压低帽子的男人在四处走动。母亲小声地在我耳边说："那个人是密探，也是黄梅村的，他专门在市场里抓小偷。"过去河内有句话："贼盗同春。"谁去同春市场都怕被扒窃，所以经常有密探潜伏在里面。

母亲带我到卖肉的地方，生肉、熟肉应有尽有。母亲又带我去北过市场买些其他零碎的东西。虽然同在一个地方，但是位于后面的北过市场主要卖蔬菜、虾蟹鱼和一些从城外运来的货。这是很大的一片区域，货物各色各样，我还看到一尺多长的鲮鱼被人用三轮车拉进市场。

年货采购完了，我们进去和姨妈告别，然后就回家了。我看见有人在货摊边上烧纸，我问为什么要烧纸，姨妈说那是因为货卖不动，烧点纸去去霉气。

出了市场门口，母亲停在卖田鳖的摊铺前，买了一罐刚剥出来的田鳖酱。做什锦丝汤米线不能少了田鳖酱。母亲还买了一些桂花蝉作为礼物，送给家里的姐妹。

出来后，母亲叫了一辆三轮车，我们坐上三轮车回家了。

车夫边蹬车边与我们闲聊，没多久就到家了。

长大上学后，我与小伙伴偶尔也相约来到同春市场捡废弃的瓶瓶罐罐，大家还一起制订了共同的作战计划——那时，我们在市场门口搭了沙盘，展示着我们的部队在抗美时期与美军决一死战的惨烈战况。

长大以后离开家，没什么机会再去市场了。一切都悄然发生着变化，过去的老电车不见了，市场也被拆除了。

曾有无数个不眠之夜，我回想起跟母亲去同春市场买年货的场景。辗转许久终于入睡后，同春市场又出现在梦里，梦中我依稀回到童年，母亲牵着我的手走进市场。啊，那无限美好的童年经历！

那时候糯米饭的种类比现在丰富得多。糯米饭装在一个干净的竹笸箩里，盖着蒲草帘子保温。

食素半生

我常带外国友人品尝越南美食，会特别注意每个人在饮食上的忌讳。也正是通过他们，我了解到，不仅亚洲佛教徒有吃素的传统，其他很多宗教信仰者也吃素。吃素从广义上来讲，并非只是不吃动物制品。

因各种缘由，每个人的饮食习惯不同，有的忌猪肉，有的忌虾、忌鱼，还有的忌肉类但可以吃鱼和蛋。为此，在带外国友人品尝越南美食时，我不得不绞尽脑汁为每一个人点菜，让他们在不同的禁忌中体会越南美食的精髓。

我不擅长素食，更不懂素食烹饪，但是带过不少素食者品尝越南美食。我突然发现，我和父母这两代人其实近乎半辈子都在吃素，只是未曾发觉。

当时越南正处在战火之中，后来又进入配给制时期。我家里兄弟姐妹多，每次吃饭，全家九个人围坐一桌。那是凭票购物的时代，每个人每月只能分得一两多的肉，大米也要凭票购买，还要搭配着玉米、木薯、红薯以及面粉来煮，不可能顿顿有鱼有肉。而且，就算有肉票，也得早上四五点钟去排队。有时候排了几个小时，轮到我们的时候肉刚好卖完了。许多人家只能买些肥肉炼猪油，存起来慢慢炒菜用，不舍得吃瘦肉。

在那个艰苦时期，母亲变着花样用青菜、豆腐和各种薯类来填饱我们的肚子，酸菜坛、腌菜罐、鱼露瓶、大酱碗，这些那时都是厨房里的必备物。

为了补充蛋白质，需要变换餐桌上常年不变的素菜，母亲常用各种青菜煮河蟹汤。偶尔在饭前，全家会围着一锅田螺，挑着细细的螺肉，蘸上充斥浓浓姜辣味的蘸汁，在嘴里吸溜着，聊以缓解饭桌上食物的寡淡。好在过去的河蟹和田螺不像现在这么贵，那时的水田也不打农药，天然无污染，所以河蟹和田螺大量繁殖，城里乡下都常吃。

那时候，摊鸡蛋也要掺上面粉或者米汤，这样煎出来的蛋饼比较大，可以分成 9 份，保证每个人都能吃到。

我父亲查了不少书，了解哪些便宜的薯类或是豆类所含营养价值更高，并制定了"家庭营养战略"。他和母亲说："你给孩子们多做些绿豆粥、黑豆粥。绿豆富含蛋白质，吃酸菜、腌茄子能助消化，番茄、木鳖果富含维生素 A，柠檬含维生素 C，糙米含维生素 B_1……"父亲虽是无线电工程师，但在困难时期里，为了让孩子们吃得营养，他一直潜心研读与营养学相关的书籍。

我就跟大家聊聊困难时期我们创造的菜肴。

首先是关于豆腐。那时，豆腐是蛋白质的主要来源。母亲能用豆腐做很多道菜，现在仍能在很多餐厅的"配给时期特色菜单"上看到。比如，白煮豆腐、炸豆腐、烤豆腐、鱼露香葱拌豆腐、番茄炖豆腐、茄子炖豆腐、猪皮青芭蕉炖豆腐……

其次是关于空心菜，比如，白灼、蒜蓉爆炒、用花生碎芝麻柠檬凉拌、醋拌、腌渍……

还有木薯，煮木薯、烤木薯、木薯汤、炒木薯……木薯切丝在锅里煎成木薯丝饼，配着生菜，蘸鱼露、蒜、辣椒一起吃，就像现在的虾饼一样，只不过它是没有荤腥的素饼。木薯晒干后磨成粉，裹在香蕉叶里煮成饼也很美味。木薯煮熟，趁热用石舂捣碎，制成木薯糍粑，不管直接吃还是烤着吃都是美味佳肴。

到了上大学的时候，正好赶上河内疏散，那几年，吃素成了常态，这也让我们这些开始自力更生的大学生想出了各种特别的吃法，这些吃法现在已经鲜为人知了。那个时候大米匮乏，我们用援助的面粉替代大米，但很多面粉已经生虫或发霉，难以食用。厨师就把面粉捏成面团，放几颗花生做馅料，下锅煮熟，分成几份，配着寡淡的空心菜汤一起吃，这样煮出来的面饼硬得像石头，让人难以下咽。为了改善伙食，同学们自发分成小组，成立"私厨"。改善后的素食花样繁多。我们在面粉里兑上水，用瓶子擀成面饼后切成条，面条就制作好了。煮一锅开水，下面条，再加一把院子里种的蔬菜。偶尔奢侈一把，加一勺味精，汤就更加鲜美了。那时候，味精像黄金一样珍贵，要凭票购买，每人每月只能买到几克而已。大家一起分享一锅蔬菜面汤。一整锅素面下肚，到了晚上肚子还是会咕咕叫。于是再煮一锅山坡上挖的木薯。刚挖回来的新鲜木薯，要留到晚上在油灯下读书时吃。用报纸包起剥皮后的木薯，放进烤火的木炭中烤熟，金黄色的熟木薯香气四溢。这就是疏散时期我们这些学生在太原省大徐深山里能享用到的最高级的美味了。

参加工作以后，我这种国家机关的科研工作者一个月的工资不多，哪够买鱼买肉，真想买的话也得凭票，按照标准购买。

我还记得有几次去山区出差，错过了饭点。天已经黑了，我们走进一家餐馆，虽带了粮票，但由于太晚，饭菜已经卖光了。我们肚子饿得不行，餐馆老板见我们这群人里有不少是来出差的教授，不忍心让我们挨饿，最后决定为我们提供原本给其他顾客准备的第二天的早餐——骨汤豆腐河粉。那时候，人们将没有肉的汤面和河粉调侃叫作"无人机"，因为美国经常用无人机对北越地区进行侦查。素面和素粉无异于无人机，因此就有了"无人机面""无人机粉"的说法。素的河粉有豆腐粉、花生粉和酸菜粉。

我还记得那时很多历史系的老师住在集体宿舍，过着单身生活，每天拿着保温饭盒去晚市外打饭。他们把整月的伙食费和粮票交给合作组，一到饭点，就骑自行车去领饭，并带回一壶开水，这壶开水够他们泡一天的茶。有一位老师吃得很斯文，每顿饭都是先吃炒菜、腌菜再喝汤，最后才吃饭盒里唯一的一块肉。他说这样吃，肉的余味才能持久。那时候老师们虽箪食瓢饮，却仍能投身于学术研究，创作了很多不朽的作品，比如《校订大越史记注解》等。

革新开放以后，越南人的生活水平得到飞速提高。从以往的缩衣节食，一年到头餐桌上不见荤腥，到现在可以说许多家庭都富裕了。但经济的突飞猛进，也让不少人沉溺于胡吃海喝。与此同时，市面上不安全的食品泛滥，导致人们因食品安全问题而罹患各类罕见病的风险越来越大。

现在，很多人已经改变了饮食习惯，开始多吃青菜和豆类，减少肉食摄入。吃素已成为时尚，特别是在老年和妇女群体中。

河内现在出现了经营"忆苦情怀"的餐馆，人们在那里感受配给制、战争年代常吃的素食，也借此教育孙辈，让他们知道祖辈们曾经如何生活、如何吃饭、如何熬过那些艰苦岁月。

我写下这些文字，也是为了重温那些我们这代人几近半生所吃过的寡淡食物的故事。

有时候给孩子们讲，他们还不相信。倘若再不写下来，以后就更不知该如何讲述那些苦日子了。

为别人布菜

小时候，祖父常带我去吃宴席。在宴席上，我乖乖地坐在祖父的身边，祖父给我夹什么我就吃什么。祖父教导过我："吃饭应坐正，看着自己的碗，细嚼慢咽。"坐在席上，绝不能背对祖先的祭坛。吃饭的时候，要关注盘子里有什么菜，要懂得谦让。桌上的猪肘肉会被均分成六块，每个人只能吃一块。谁吃了两块，就是占了别人的份，会被看作贪吃之人。入席后，第一次夹菜要先夹些青菜、瓜类或者拌菜，没有人一上来就把筷子伸向猪肉或鸡肉。吃哪块就夹哪块，不能夹起来又放下，绝不能用筷子在盘里挑来挑去，将摆放整齐的鸡肉翻乱，找自己爱吃的。吃饭时要多留心周围，懂得谦让老人。喝汤不能发出声音，烫的东西不能吹出声……最重要的一点是，在席上，主人或是辈分小的人要为客人或辈分大的人布菜，虽说不知道人家爱不爱吃，但这样做是为了显示主人对客人的热情和周到，或显示小辈对长辈的尊重。

祖父一点点将这些规矩教给我。每次宴席结束后，如果我哪里做得不对，回到家以后祖父都会严厉地告诫我。

我从祖父母、父母那里渐渐学会了餐桌上的礼仪，不知何时起，它们深深扎根在我的意识中。

生活变得越来越琐碎，在家里聚会的机会也越来越少。人们习惯了在外面的饭馆里聚会、吃喝，坦然地对服务员呼来唤去。吃饭的时候大呼小叫，比拼似的一箱又一箱地喝着啤酒，当然更少不了一起举杯时"呦呦"的呼喊声，像是一群吆喝着劳动号子的建筑工人。坐在席上，有时候也全然忘记了礼仪，拿起酒瓶便开瓶碰杯、尽情吃喝。经常在婚礼上，刚到司仪介绍新郎新娘和亲属的环节，客人就已经吃饱了，斜坐在那里剔着牙。餐桌上的礼仪，早已无影无踪。

我有几次被邀请与初来越南的外国朋友谈论越南人用餐时的礼仪，我依照家中传下来的规矩给他们介绍。比如，吃香蕉要从中间掰成两半，剥开的香蕉皮要像花瓣一样，不能像森林里的猴子一样整个撕开皮，全部都塞进嘴里；还有吃糯米饼的时候应如何剥开外面包着的叶子，让它既不黏，又不破坏形状；以及吃饭时应该怎么拿筷子。但对于为客人布菜到碗中这个习惯，外国人是怎么都理解不了的。为什么要把菜夹到别人的碗里呢？也不知道客人是不是爱吃。尤其是欧洲人，他们在饮食中非常注重个人意见，无法理解这种为别人布菜的奇怪风俗。我尽力向他们介绍越南人的这种风俗，当然还得解释，为别人布菜的方式已经改进了，为别人夹菜时一般会反过来使用筷子，不用自己入口的那一端。但其实这只不过是个形式罢了，大家还不是一同蘸着桌上的一碟鱼露，难道每次蘸鱼露还要把筷子倒过来用吗？欧洲人过的也是社会性群居生活，有些东西也要跟越南人一起分享。

我如是讲，他们听便是。欧洲人是无论如何不能理解为什么主人会给客人夹鸡头、鸡屁股和鸡爪子——那些他们平日里不吃的东西，但是我们会热情地劝道："一首二尾！以形补形！吃了鸡翅，飞黄腾达！吃了鸡心，兄弟同心！"不少西方人看到主人将全是胆固醇的肥腻的鸡屁股夹到自己碗里时吓得魂飞魄散，但入乡随俗，为了不驳主人面子，只好闭着眼睛把它送入口中，还得连声感谢。

我有一个在越南生活了十多年的外国朋友，名叫维克多。他是个动物学家，专研究鼠类。他从北吃到南，吃遍越南各地美食，喝西原酒、越南土酒像吃饭一样稀松平常。他自诩深谙越南风俗，就是不会讲越南语罢了，在越南生活了十几年，只能蹦出几句越南话。只要有人在屋子里聚会，声音大一点，他就走过去使个眼色，结结巴巴地说："开会！开会！批评！批评！外面去！外面去！"

许多年后，苏联解体，我们便没再见过面。直到去年，去同塔出差考察时，我遇到了维克多。这次，他主动邀请我们来到高岭市河边的一个餐厅。从就座到点菜，他完全按照越南的习惯，和本地人别无二致。菜好了，维克多就像一个热情好客的越南人一样，用筷子夹给我一块肥腻的肉。天啊！那是烤地鼠，就连我的祖父都没给我吃过。以前，祖父曾兴致勃勃地给我讲，生活在河边人有这样一个习惯，办婚礼一定不能少了地鼠肉，他还说："人们先把地鼠肉白煮，沥干后加入柠檬叶，用两块砧板上下夹紧，等肉压紧实了，再剁成块摆盘。"我听着都感到头皮发麻，从小到大，我最怕这个东西。

今天，我这位西方朋友真诚地往我的碗中夹了一块地鼠肉。按我祖父教的规矩，我只能闭着眼睛吃下去，忽然心里涌出一首民谣，祈祷最好里面的话能变成现实："想吃哪块，先夹给他，夹来夹去，就夹给我啦。"

希望这块地鼠肉也能夹回到维克多的碗里！

隆重的祭拜活动

在我家，大家最关心的一场祭奠活动，就是每年腊月二十七曾祖父的忌日。就在我出生的前几天，我的曾祖父在扫荡中遇害。所以，每到祭拜曾祖父的时候，大家都会想起那一年、那一天。

祖父是家中的长子，我也因此成为嫡曾孙。祭拜前，我的那些同族叔伯们就会来与我祖父母讨论祭拜的安排：谁来准备稻谷、豆芽，谁去沽酒，谁要负责到各家收集碗碟。我祖父则与同族中最年轻力壮的男人负责杀猪、搭棚子。将猪养了一年，就是为了在出栏祭拜这一天它足够膘肥。祖父的屋子与屋后的水塘、厨房之间是铺满八长砖的场院，年轻人把竹竿横搭在墙上，再把大簸箕架在上面，整个院子瞬间就变成了宽敞的房间，地上则铺着席子。从祭拜的头天晚上开始，我那些叔伯们就会指挥和安排每个人的工作。但整个祭拜过程中，最重要也最热闹的是宰猪。那时候，祭拜、婚礼中如果没有宰猪时的嘶叫是不体面的，宰猪做席被视为那个时代红白事中不可或缺的一出表演。尽管那时候我还小，但因为是嫡曾孙，所以最受祖辈重视。猪宰完后，祖父总是将猪尿泡（猪膀胱）洗净吹成气球状给我玩，十分有趣。春肉粽时，祖父也会给我单独留一小块最香最美味的肉粽。

女眷们则处理着厨房里的杂事，泡米、洗豆芽、做糯米饭、摆盘，还要准备"假狗肉"（一种炖猪肘）、竹笋等曾祖生前钟爱的食物。女眷们忙着剥槟榔、洗供品等数不清的杂事，不用谁来提醒，所有的事都井然有序而又忙碌地进行着。当然，这也成为女眷们展示厨艺的"竞技场"。对于那些刚刚入门的新媳妇，这是一次家务能力"考核"。有的被夸奖，有的就难免因为笨拙的厨艺和不合礼数的行为而被指责。

菜品准备就绪，家族中年长的女眷会万分谨慎地将它们摆上铜席，端上供桌。由我的祖父领头，后面跟着其他年轻些的叔伯，他们服饰严整，依次上香祭拜祖先与我的曾祖父。

后来，在因战争而四散分离的年月里，像我小时候这样的盛大祭拜已经很少有了。究其原因，当然是战争导致族人无法聚在一起，同时经济困难也是一大因素。即便如此，到了祭拜曾祖的日子，各家仍会来上香，尽管祭拜祖先的形式简单，但都非常虔诚。即使有人在远方甚至在国外，但到了这一天，也要为祖先上一炷清香，以表达对逝者的哀思。

还有很多祭拜的场面不能一一描述了，我只记得那是一年中最重要的一天，很多同族的兄弟姐妹只有在那一天才能见到。成年之后，我们这群兄弟姐妹更是分散在各地。但每次聚会，我们都会聊起儿时的祭拜场面。虽然我的祖父母和他们的同辈都已经不在了，但是我们会永远怀念他们。

豪华却冷清

　　大舅——我母亲的亲哥哥，是河内有名的大夫，也是一个对吃非常讲究的人。他喜欢美食，更擅长做河内特色美食。小时候，每次拜祭我的外祖母，大舅、母亲和其他的舅舅、阿姨就会聚在一起商量着宴席该准备些什么。大舅是个细致的人，他会提前一整天准备好食物，以保证食物丰盛、干净。因为从医，他对食材的选择和贮存都十分在行，而且他做的很多菜肴都十分讲究。小时候，去参加外祖母的拜祭宴，好几种从未见过的菜肴让我至今难忘，像鱼翅羹、海蟹炖菇、烤小牛肉蘸姜汁，还有龙眼莲子甜羹等。

　　大舅已经去世 20 多年了。因为大舅的灵位供在作为长子的大哥家，所以按照习惯，每年家祭日，我们兄弟姐妹都要带着家人来到大哥家，为大舅上香，同时也会做一桌丰盛的祭饭，宴请邻居。家里空间狭窄，又是夏天，所以特别热。到了祭拜这一天，要在地上铺上席子或者报纸，大家紧挨着坐满整个房间。人挨着人，一顿饭吃下来汗如雨下，一整天坐下来，双腿麻木。然而，席上的食物非常丰盛且都是绝佳珍肴。

这要感谢我的姐姐们传承了大舅的手艺。最受罪的就是房子太小，又在河内古街的老巷里，想搭棚子都不行。挤是挤了点，热是热了点，但每次回来参加大舅的家祭，我们兄弟姐妹间感受到的却是团聚的温暖。大舅母虽然已经90多岁了，只能坐在床脚，但当亲人们回来拜祭大舅时，她的脸上总会因看到亲戚、孙侄而露出喜悦的笑容。我们坐在铺着报纸的花砖地面上，一起吃着喝着，面前供桌上相框中的大舅，在缭绕的香烟中慈祥地笑着。这一刻突然变得神圣起来，每个人都感觉，大舅仿佛也与我们坐在一起，在他的孩子、孙子身边，融入了整个家庭中。与大舅一起的那些高兴的、难过的故事，像泉水一样不断从我们的交谈中涌出。年轻的小辈有些没有见过大舅，他们瞪大眼、竖起耳朵仔细听，为自己曾祖高超的医术和仁心而自豪。而每当我讲起大舅在世时为祭外祖母而烹制的那些菜肴时，年轻的小辈们更是兴致高涨地听着，因为他们从没尝到过这些。在计划经济时代，粮食匮乏，外祖母的祭饭十分简单，大舅和母亲的手艺也没能传下来。即便想传，也没办法找到作为原料的鱼翅、猪肚、海蟹、大虾。如今经济好了，有钱去超市，什么都能买到，但无处去学这些菜的做法了，谁还会做呢？

　　昨天下午，我像往年一样，带着祭品来祭拜大舅。奇怪的是，走到巷尾了还没有听到热闹的说笑声，也没有看到大家的车。进到家里，大舅母正一个人孤零零的坐在床上。供桌上仍是香烟缭绕，桌前摆放着一大盘水果和十几碗龙眼莲子甜羹以及几瓶洋酒。大姐从厨房跑过来小声说道："上完香，他们都到馆使寺旁边的饭馆去了，大家都在那边等。我分完这些水果，一会儿也过去。"

我踩着椅子给大舅上了香，又问候坐在床上的大舅母，便跟着大姐来到一家有凉风的高级餐厅。登上三楼，座位都已安排妥当了，桌上铺着雪白的餐布，也摆上了一些菜。墙上，一台大尺寸的电视里放着球赛。有人聊着天，有人看着电视。半个小时后，全家都到齐了，身着黄底印花制服的服务员陆续将精心烹制的菜肴端上来。

房间清凉舒适。电视在一旁播放。我坐在那里，却突然想起大舅。

多希望，这时屏幕里能出现一段，哪怕只有一分钟的影像，记录大舅在世时的样子，那个辛勤的医生，骑着自行车，伴着叮铃铃的车铃声穿梭在每一条小巷，来到年轻父母的家里，给孩子注射疫苗，为孩子治病……

大舅！

今年大舅的祭拜确实很豪华，但感觉有些冷清，我的大舅！

集市与吃在集市

每当带外地的朋友品尝河内美食，他们总是对我说："你一定要带我尝尝河内真正的特色美食！"到底什么是河内的美食呢？这个问题看似简单，实则并不容易回答，尽管我们都生活在河内。

一般来说，如果带朋友寻找河内美食，我通常会建议他们去集市。

我还记得读大学的时候，每次去外地，老师总会提醒我们："一定要去集市。集市作为一个小社会，是需要我们观察的经济、文化、生活的缩影。"小时候，我也经常跟着母亲去游市、晚市，偶尔也会去同春市场。集市是我感受河内自然和物产的第一课堂，是我了解河内人待人接物、处世之道、商贾手法和饮食方式的第一位老师，同时也是我一生研究的对象。

只要对市场中售卖的物品进行追溯，我们就能搞清楚这里的食物与物产是起源于本地，还是从别处引进。通过集市，我们可以看到经济、文化、生活的浮沉兴衰。

说起集市，不得不提河内过去的名称。过去，河内也被称为"都会"。都会是一个大型集市，集市之大，令20世纪初来到越南做生意和探险的人都惊叹道："下船来到码头，满眼都是繁华的景象，这繁华远胜意大利的威尼斯。"这样想来，那时的河内集市该是何等热闹。

要知道，在被定为首都之前，河内也只是红河边上一个偏僻的地方，凭借贸易便利的地理优势，这里出现了很多商人从各地带来的商品。河内集市中的商品体现出浓郁的红河平原特色，有稻米、玉米、红薯、木薯、猪肉、水牛肉、鱼虾、田螺、螃蟹、鱼露、虾酱等，这些都是原生物产。有时，人们也会把出海打鱼带回些海产品或是在森林中捕猎的野味拿到集市上卖。

在研究升龙皇城遗址出土的遗物时，我的一位好友发现了几千年前河内人食用的食品。除出土猪、牛、鸡、狗、鱼、蟹、贝、螺等的遗骸之外，还出土不少海贝、海螺等的遗骸，证明河内人几千年前就已经开始食用海产品。除此之外，还发现了不少虎、豹、象、猿、鹿、獾等动物的遗骨，它们是作为野生动物还是作为河内人的食物出现在这里？我觉得，那时的宫廷中，野生动物也属于向皇族进贡的物品之一。

如今，无论是高级餐厅还是家庭私厨，河内厨师都可以在各类大型集市或是专门从事郊区或外地产品的批发市场中找到自己需要的原料。在这些集市里，每天清晨，人们都会将各地的水果蔬菜集中运到河内销售。

在这些大集市里，你可以来到小吃摊前品尝各类美食。这里有豆腐饼、酸汤米线、猪下水血羹，有南北各地的特色料理，还有煎饼、南部粿条、虾饼、顺化猪脚牛肉米线、太平鱼羹、海防螃蟹春卷……各色美食应有尽有。

在路边与集市吃东西是件很正常的事，但在过去，如果女孩子经常独自在外面吃东西，就会被人指指点点，说她自私，就知道自己一个人吃。

如今，开在集市里的小吃摊，其服务对象主要是那些小商贩和在集市里从事体力劳动的搬货工，他们整日在集市中忙碌、操劳，在集市里解决饮食问题更为方便。还有每天要到集市采购日常食材的家庭主妇，她们也会时常光顾这些小吃摊。

近几年，旅游活动兴起，很多游客对在街边和集市里寻找美食很感兴趣。我本人也多次带着外国朋友在集市中闲逛、吃喝，似乎融入当地百姓的日常生活，与当地百姓一起品味美食，对游客来说有一种魅力。

我希望河内人不要抛弃集市中的那些小吃摊，不要小看那些隐藏在集市及其周边，或是繁华都市街巷中的美食小摊。这是千载以来积攒的价值，是河内的文化价值，需要我们一代代人的保护。并且，我们还需要去改善集市里和街边小馆的食品卫生条件，让这城市中的饮食环境既和谐、文明、体面地发展，又保留河内独具的特色。尽管很多人并没有意识到这一点，但外国游客却对此极具兴致，并赞其为首都饮食最具特色之处。

我们如今正处于市场经济时期，我认为河内传统集市的文化价值是无法被替代的。这千年来形成的文化价值不仅是因为集市所具备的交易地点属性，还因为集市已经成为交流、沟通的场所，它是父母教会子女如何选购鱼虾肉菜的场所，是向下一代展示卖货人与识货人之间情谊的场所，也是向下一代传授河内饮食文化深厚价值的场所。它是我们需要保护、传承的文化价值链上的重要一环。

河内的中华餐饮

禄国餐馆

久居河内的中国人给这里的饮食文化留下了深刻的印记。高级奢华的中式餐馆有顺化街的禄国餐厅、行帆街的东兴园和美京等；价格亲民的有藏在古街上的小馆和沿街叫卖的小摊。河内原本有很多在街边摆摊卖吃食的，如今慢慢变少或已消失不见了，要不就是因为烹饪手艺失传，后人只能转行去做其他营生了。

我长这么大，只跟着大人去过一次晚市斜对面的禄国餐厅，在那里的二楼吃过一次中餐。这座坐落于顺化街甲96号的房子，后来变成了不少著名文学、艺术人士的宿舍楼，其中包括作曲家阮文子一家、编剧刘光武一家几代……禄国餐厅菜品的奢侈度与那个时代极不相符。那时候，没什么人有钱下馆子，也因此，这家餐厅最后只得关门。餐厅负责人也是那里的厨师，则转行去食品公司工作。后来，他和妻子以及他的几个孩子在计划经济时代，成了富家餐厅和工人电影院斜对面的长钱集体食堂的厨师。

禄国餐厅的菜肴和饮品对我来说太过高级、陌生。我本就胆小，哪敢在就餐时问大人那些各式各样奇怪的菜都是什么，只管埋头吃就是了。回到家后，我才壮着胆子、好奇地问父亲那些都是些什么菜，他也说不上来，只是告诉我，他最喜欢吃那里的田螺豆腐。父亲说，那是用豆浆制作的类似豆腐或者豆腐花的东西，要用油煎，吃的时候要蘸上糖。因为小孩子都喜欢吃软软甜甜的东西，所以当时我也吃了好几块。这道菜令人肚子胀，吃完后就不想再吃其他东西了。我还记得，入席之前，大家一起饮中国茶。在圆餐桌上，我听见大人们把喝的酒叫作"玫瑰露"，它有着奇特的香味。酒是用瓷瓶装的，倒出来正好斟满十二个酒盅。父亲因不会饮酒，就端起杯，礼节性地抿一口。小孩则坐着看大人喝，没有单独为小孩准备的饮品。后来我才知道，河内人吃中餐要饮中国酒，绝对不饮洋酒。

那时候，禄国餐厅所在的这条街，一边是专门以奢华餐饮服务为主的酒店，一边是小摊，卖的是河内大小街道上随处见的华人做的普通饭菜。售卖的人常常推着车或是挑着小担，担子两边是木桶、盛放碗筷的小箱子和各类吃食。当然这些吃食不是放在笋筐里的糯米饭和卷筒粉，售卖的人也不像那些从外省来河内沿街叫卖的越南人一样，将担子顶在头顶。小摊从早到晚不停叫卖。一早起来，就可以听到各类叫卖声，什么腊肠饭、包子豆浆，什么豆腐花、芝麻糊、绿豆沙，又或是八宝凉茶、结糕。

八宝凉茶

八宝凉茶是华人的一种特别饮品，过去在河内很常见。卖八宝凉茶的人通常推着一辆木制四轮小车，小车上有一个箱子，箱子装着满满的热茶，箱子顶部设有用于透气的圆孔，围着圆孔整齐地摆放着一圈圈茶杯。也有在街上摆摊卖八宝凉茶的，卖茶的直接用碗舀出茶，递给顾客，这种用碗的喝茶看起来更具中国特色。不知道那些名贵的草药都是什么，听说是些北方的滋补药。我小时候上学，因为好奇也曾经买过几角钱的凉茶，试着喝过。对我来说，这种饮品太过奇怪，味道就像中药一样。后来，我再也没有喝过这类饮品了。现在河内好像已经没有八宝凉菜卖了。也不知是因为顾客太少，还是由于懂得熬制这种饮品的老先生已经去世，八宝凉茶渐渐消失了。

药酒、中国酒

河内饮药酒的习俗可能是受到了中国的影响。在乡下，老人们也会泡药酒，但酒中所泡的药，只不过是一些自家园子里种的植物的根茎和几味治病的草药。过去，河内很多家庭都会买些中药回去泡在酒里慢慢饮。药酒，被看作是一种养生、滋补的药，多是年事已高的老人们才会用。1975 年后，一些按照华人药酒馆样式开的药酒店从西贡开到河内，因此，河内也有了专门售卖药酒的店。我不是个爱喝酒的人，但也有一次被请到古街里的一个小酒馆品尝药酒。那个店虽小，却客满盈门。泡药酒用的是糯米酒，百分之百是越南酒，药却大部分是中药。这家店还用各种动物泡酒，如蛇、蜥蜴、鸦鹃、蛇胆、熊胆……这里的下酒菜，最特别的要数牛鞭。

有人说，过去越南人不会酿蒸馏酒，只会酿糯米、哑酒这样的发酵酒。蒸馏酒是一种中国的酿造酒，由中国传入越南。我对此不信。我的证据是，我在山区工作时，曾经看到泰族人、芒族人只用简单的工具，就能酿出蒸馏酒，就连现在河内人习惯称为横酒、"国逃酒"的白酒，味道也与中国人酿的酒完全不一样。但也有可能这是从中国人或者其他什么地方学到蒸馏的方法后，越南人凭自己的聪明才智，将传统发酵酒与米酒这一特色酒相结合，适当加减些原料，创造出的有着自己独特风味的酒。无论是过去还是现在，这对在饮食方面善于创造的越南人来说并不稀奇。

豆　浆

大豆和豆浆是中华饮食。对当年的河内人来说，牛奶是属于西方的一种相对奢侈昂贵的饮品，相对而言，豆浆是一种平民的、简单的饮品。

以前，河内也有豆浆卖，但不像现在这么普遍。人们通常在河内最短的一条街道——环剑湖街上，吃着热气腾腾的包子，喝着热豆浆。包子豆浆店就在水上木偶剧院旁边，斜对面就是玉山寺。这个有名的店只卖两种包子：咸味包和甜味包。咸味包的馅料是粉丝、腊肠、肉末、鸡蛋，甜味包的馅料是绿豆。在这里，人们通常是包子配豆浆，不见谁用包子配牛奶。

豆浆富含营养，健康又实惠，直到现在，河内不少家庭仍然有喝豆浆的习惯。如今，人们采用工业化手段，生产出瓶装豆浆、盒装豆浆，这些豆浆销往各地。当然，有些店仍然手工磨豆浆。清晨，店主磨好豆浆后，便一瓶瓶装好，骑着车，像欧洲的送奶工一样把新鲜豆浆送到客户的家门前。

豆腐花

清晨，听到从街巷一头传来悠长的"豆——腐——花——"的叫卖声，母亲就会拿出准备好的小碗，去给我的祖母买豆腐花。祖母老了，牙口不好，吃不了什么东西，八九点钟的时候，她会吃一碗豆腐花。祖母说，豆腐花很好，容易消化，又不用嚼，吃也行，喝也行。

豆腐花是用大豆加工制作而成的食品，或者也可以称作饮品。大豆加水，磨细、过滤，加入卤水，结絮后就成了豆腐花。华人傅老伯常挑着担子在街上卖豆腐花。在我看来，他卖的豆腐花同那时河内街道上的没什么两样。傅老伯挑着一个担子，担子的一边是木制的小柜子，里面整齐地摆放着小碗、一个装着精致瓷勺的小篓、一个盛满茉莉花香味的糖浆罐子，以及用来擦碗的布和洗碗的盆。担子的另一边是几块木板箍成的箱子，箱子里面装着豆腐花，箱子上面盖着一个可以用绳子拉起来的木盖。

每次，母亲都会给祖母买一碗豆腐花。傅老伯小心翼翼地拉开箱盖，用一个薄如蝉翼的勺子，旋转着一层一层地将豆腐花撇放到碗中，然后打开糖浆罐子，舀起糖浆淋在白嫩细滑的豆腐花上。茉莉花的香味混合着豆腐特有的、诱人的清香，从一片片豆腐花中飘散开，让我们这些小孩馋得口水止不住地往下流，母亲不得不给每个孩子一人买一碗。

那时候，豆腐花好像只在城市里才有卖，我在乡里集市或是农村没有见到过。难道这道吃食是专门给城里人的馈赠？

不知道为什么，这一既能吃又能喝的上天馈赠被称为"豆腐花"。有人告诉我，"豆腐花"是广东人的叫法，其实豆腐花就是豆腐，也不知对不对。

现在，豆腐花在河内到处都有卖，但很难再见到过去那种挑着木箱沿街叫卖的景象了。偶尔，我还能看到上了年纪的老人出来卖豆腐花，他们穿着衬衣，衬衣的下摆被整齐地塞进西裤里。他们骑的迷你自行车设计十分特别，车前支架中间和靠近车座的车架处竖着焊了一对减震弹簧，连接在两个弹簧上的是一个铁架子，这样撑着可以减缓架子的左右摇摆。架子是圆形的，正好放得下一个锃亮的铝桶，铝桶装的就是豆腐花。糖浆、碗碟和洗碗的水整齐地摆放在后车架上。每走一段，老人便停下来，抽出一根小木棍，顶在车辐条上，让车停在路边，然后像过去一样吆喝着"豆——腐——花——"我不敢确定这种小车是不是只在越南才有，但它确实可以算是革新时代的一项发明了！

鸡肉河粉的做法是先把白切鸡去骨，切成小块，再拌上切成丝的柠檬叶，放到碗中。

在河内吃中餐

小时候，听大人聊天说起河内人的生活，他们最向往的是"吃中餐，住洋房"，但这些只是听说。如今在河内生活了一辈子，也有机会去世界各地感受当地的风土人情，所以对中餐、西餐也略有了解。中餐确实有自己的特色，也有能够征服全球的实力。最能证明这一点的就是在国外出差时，无论是法国人还是日本人，都十分喜欢请我在中国餐厅吃饭。不管是中餐、西餐，还是日本料理、韩国料理，它们确实都有自己的特色，但对我来说，越餐才是最好的。不是因为狭隘的民族主义，而是因为我的嘴、我的胃、我的身体，还有我的父辈、祖辈，越南这片土地上从农村到城市的父老乡亲，他们教会了我如何享受越南饮食，也让我感受到越餐就是这个地球上最美味、最健康的饮食。

一天，一位在报社工作的朋友忽然问我："中华饮食对河内人有什么影响？"这是一个有趣的问题。我们虽然什么都吃，但不一定了解这些食物源自哪里，也很难知道这些食物是如何成为今天这个样子的。所以要回答这位记者朋友的问题，就要先做一番详细的了解。

要说明的是，越南人用"中餐"指代华人在河内、西贡所制作的食物，只是为简洁、易懂，不带有任何其他的含义。实际上，我们越南人认为中餐是一种被广泛接受和备受珍视的饮食类型。

为了了解中餐在河内的历史，我们先要做个概括性认识：中餐通过什么途径进入河内？它是如何传播的？中华饮食在越南的各种菜式、饮品，以及它们的烹饪方式起源是什么？似乎这些问题很难在一篇文章里说明清楚。

自法属时期起至 20 世纪 70 年代，有相当多的华人来到河内。这部分华人大多从事搬运、沿街卖货的营生，一些富有的华人则开饭馆、旅店。正是这些生活在越南的华人，他们在河内生活、工作的过程中将自己的饮食方式和食物带入河内，丰富了原本多样的河内饮食。

与中华饮食相关的物产

越南人在为各类果蔬或物产命名时，除了使用一般的名字，还爱在名字里加上"中国"或"洋"字以便与越南本土物产加以区别。有时可能只是因为个头大些就加上个"中国"或者"洋"字，比如大的香蕉称"西洋蕉"，大的番石榴称"中国番石榴"、甜阳桃称"中国阳桃"，金黄香糯的木薯称"中国木薯"，其实这些东西根本不是源自中国，有可能有些是从中国传入越南的，但它们的原产地是非洲或美洲。

在不同的历史阶段，传入越南的中华食物也各不相同。例如在抗法、抗美时期，中国给越南部队和人民的援助物资中就有食品，各种豆酱、萝卜干、咸菜、菜干、黏米等被运到河内。同样在这一时期，中国的不少工业化产品也开始出现在越南市场上，并且需要凭票购买，其中就包括味精、奶粉、香烟、罐头、啤酒……

如果在越南的市场里逛一逛，细心的人很容易就能发现，源自中国或采用华人烹饪方式制作的食物比比皆是，比如绿豆粉丝，以前曾被称作"中国米线"。葛根粉丝才是越南人的特产，越南人借鉴了中国绿豆粉丝的制作方法，将葛根加工成葛根粉丝。味精是20世纪50年代传入河内的，那时家庭主妇们常称其为"烹调药"。咸菜也是华人的特产，是用中国人的方式盐腌的萝卜等。腊肠是将肉灌入猪肠肠衣，风干腊制而成，也是来源于中国。

豆腐、豆浆可能也起源于中国，但很久以前就传入越南并且发生了很大的变化。"豆腐"两个字也是汉越音。各类酱油、生抽、辣酱等也是传入河内的特别的中华调味品。过去，河内的梁玉权街有一家华人开的店，专门生产和销售各类豆类酱料、辣椒酱，这些酱装在大缸中，摆在院子里，沤酱的方式与如今的兴安地区一样。中国的酱显然与越南的酱在制作工艺、食用方式上有很大区别。20世纪60年代以前，河内人很少食用酱油。河内人普遍食用中国酱油是从抗美战争开始的。那时，人们从中国援助的豆酱中提取酱油，搭配过于清淡的食物，从那以后，河内人渐渐接受并习惯了这种调味品。

以前河内人很少吃面条。战争时期，苏联面粉被运送到河内，与大米搭配食用。就是在那时，河内人学习中国的烹饪方式，用面粉制作馒头、面条，后来越南人渐渐在饮食中融入面条。

还有很多其他的中国食品和调味品，我们可以仔细研究它们的起源，仅仅通过上面这些例子，我们就能发现今天河内的食品中有很多原料是直接从中国传入的，有许多烹饪方式是学习借鉴了华人的烹饪方式，而这些如今都已经在河内人的生活中普及了。

河内的中餐

提起中餐，人们总是会说到那些大的酒肆饭庄，那里的老板和大多数服务人员都是华人。在那些地方，他们主要提供中式餐饮，从装饰布置到桌椅、餐具，从服务人员的服饰到店内的灯光、音乐，到处都充满了中国气韵。进入饭店，食客可以点正宗的中餐，如烧鸭、炒菜，各种菜式饮品完全与中国的餐厅一样。过去河内有一些有名气的中餐厅，比如东兴园、美京、禄国餐厅……我也只在禄国餐厅吃过一次中餐，那还是在我很小的时候，已经很难记清那时的菜单里都有哪些菜了。吃中餐也同吃越餐一样，使用小碗和筷子。汤是盛放在大碗中的，蘸汁是装在小碟子中的，每个人都有自己的蘸汁，不像越南宴席所有人同用一碗蘸汁。菜是一道一道端上桌的，而不是像越南宴席那样将全部菜品同时摆上桌。如果前面吃得太饱了，可能就没有肚子吃后面的菜了。我那次吃中餐，有一道我从没有吃过的菜，是一道非常美味的开胃菜——煎嫩豆腐蘸白糖。这道菜是将特别鲜嫩的豆腐放在一口大油锅中煎至表皮金黄，有些类似越南的煎糯米糕，豆腐表皮酥脆，中间却软嫩如猪脑，口感鲜美诱人。我一口一口地吃个不停，尽管后面的菜看起来也十分美味，但我却撑得只有坐着发呆的份了。我记得那天还有带壳的花生、用生粉勾芡的清炒蔬菜。最特别的是，中餐不像越南餐一样有鱼露，中餐使用的是酱油和生抽，这是从豆酱中提取的酱汁，那时候在越餐中，使用酱油和生抽还没有如今这么普遍。

另一个值得注意的是，河内中餐厅的风格与西餐厅完全不同。在那些西餐厅中，人们更加注重餐桌布置与餐厅环境。通常西餐厅会播放着轻柔的音乐，食客用餐时也会轻声细语。服务员招待客人声音轻柔，不会大声呼喊。西餐厨房会布置在距餐厅较远的地方，几乎不会在食客面前烹饪。但是在中餐厅中，人们将厨房布置在餐厅门口，油烟四散、热火朝天，厨师炒菜像表演魔术一样。服务员则口中大声吆喝着食客所点的菜品。来吃中餐的客人也都是恣情畅聊，与那时河内西餐厅的气氛完全相反。

要想深入了解那时的中餐，还需要更系统的调查，可惜的是我只知道这些了。

如今，河内仍有一些中餐厅，有一些店虽然是越南人开的，但主要经营中式烧鹅。有一次，在钦天市场前街的一家华人开设的烧鸭店，我与老板闲聊时了解到，广式烧鹅用到的一些调料越南没有，他到越南后，发现谅山有一种特殊的香料，就是黄皮果叶，可以代替越南没有的调料。这样一来，正宗的广式烧鹅来到河内后，演变为烤制时在鹅肚子里加入黄皮果叶，并在食用时搭配藠头和煎馒头。

河内的中式小吃

小吃在世界各地都颇受欢迎。小吃是指吃各类零食、点心，各式各样、富有趣味的美食，当然有时也是指早上略吃些东西填填肚子，劳动或病后吃些滋补身体的食物。河内的华人极大丰富了河内的各类小吃。

以前，在河内有几种售卖中华小吃的方式，有开店经营的，有在市场设摊的，还有挑着担子、推着小车沿街叫卖的。

在店铺中售卖的一般是馄饨面、一些粥及烧鸭。由工厂统一生产的一般是各类糯米软糕、月饼和甜饼，一到中秋节，在横行街、桃行街、糖行街等河内古街上就有集中批发、零售这些糕点的。卖中国茶的店铺则经营各类茶叶，客人会买茶叶回家泡来喝。这些店铺和厂家过去都由华人经营和管理，1979年以后，许多店主移居他国，渐渐地，这些店铺都不再经营了。

近年来，在河内一些地方，华人开了一些中华火锅餐馆，但未能经营下去。有趣的是，这种中国人吃火锅的方式被越南人学习和改进，并逐渐从西贡传入河内，且发展势头强劲，如今在各类餐馆和大排档中普遍存在。对于河内火锅的起源和食用方式有不同的争论。有人认为火锅发源于越南中部，因为"火锅（lẩu）"一词是占婆语言"岛（cù lao）"的谐音。火锅的锅子中间有一个管状部分是用来烧炭的，形状好似小岛。我不太赞同这种解释，我觉得火锅在越南的出现，主要是由于华人的饮食方式在各个时期、通过各种不同途径传入越南。火锅在西贡的华人餐馆中普遍存在，并且在1975年前后推广至河内，进而改进成各类火锅。

大排档里卖热油条、中式煎糕、炸饺、滋补鸭肉煎饼、汤圆、什锦火锅、蜜汁烤鸡爪、中药炖鸡、黑凉粉……

路边摊卖包子、腊肠糯米饭、芝麻糊、绿豆沙、豆腐脑、"食刻"……"食刻"是指沿街叫卖的馄饨、水饺、虾饺和各类热粥。他们将担子置于街角，手里拿着两根竹棍儿，互相敲击发出"嘟哒"声，这声音很像中文里的"食刻"一词的发音，"食刻"在中文中有"立刻能吃"的意思。他们沿街叫卖，谁要吃，敲棍的人就会端着面碗过去，食客吃完后，敲棍的人再取碗收钱。这种吃法过去在河内十分普遍而且通常是由华人经营，但20世纪60年代后就完全消失了。

上学的时候，寒冷的冬夜坐在昏黄的灯光下学习，忽然不知从哪传来叫卖声"刚刚出锅的香脆炒花生嘞"，这正是华人卖炒花生的吆喝声。于是叫来买上几角钱的热花生，麻布包中的炒花生有好几种口味：五香的、咖啡味的、奶香味的……有甜的，有咸的。

腊肠糯米饭、包子、黑芝麻糊、绿豆沙、豆腐花、冰沙，这些也是推着手推车或挑担沿街售卖。过去，每到清晨，人们经常能听到一半越南语一半中文的吆喝声。

那时，这些从华人的推车和挑担中飘出的吆喝叫卖声，夹杂在一声声"卖扎肉啦""卖玉米、花生、栗子嘞""谁买禾虫""卖虾蟹咯"的纯粹的越南式叫卖声中，形成了另一种生动的声音，这种属于昔日河内的声音，如今几乎已经听不到了。

这些关于河内中餐的记忆碎片给人带来不少趣味。中华饮食文化在河内的出现确实丰富了河内人的饮食方式。

关于蛋糕的疑问

为何越南语中会出现"蛋糕"（banh ga tô）这个词？

曾有人问过我这个问题。越南语字典（1977 年社会科学出版社出版的《越南语词典》）中没有"banh ga tô"或是"ga tô"这个词，如果翻看越法或是法越词典，法语词 gâteau 的意思是甜糕，而越南语"糕点"的统称在法语中为 gâteau carré。

这样就清楚了。我们用"banh ga tô"指蛋糕，比如说"请吃 banh ga tô"就是指"请吃蛋糕"，其实并不准确（banh 在越南语中意为饼、糕）。"ga tô"本就是指甜点或糕点的统称，现在又请人吃"甜点糕"，当然就重复了。也许正是因为这个原因，在编词典的时候，编辑绝不采纳民间这种错误的用法，未将"banh ga tô"编入其中。

蛋糕这个词来源于法语词"gâteau"，因此蛋糕极有可能是由法国人或其他欧洲人带到越南来的。越南人认为蛋糕应该是用面粉、糖、鸡蛋、奶油、水果、香料以及色素等原料制成的，与越南本土的用米粉或其他原料做的糕点截然不同。

河内人则认为，蛋糕与其他欧式糕点也应该有所不同，比如饼干。配给时期流行两种饼干，一种是毛毛虫饼干，另一种是威化饼干。

或许，我们应该忠于蛋糕的本义：甜糕。

欧式蛋糕是何时来到越南的？

这是个难回答的问题，因为直到如今，尚未有人深入研究越南饮食历史以及亚欧文明传播史。我们记录了建国、卫国和战争的历史，而关于日常生活如饮食、糕点渊源等这类非常实际的生活细节的史料却极为有限，尽管很多国家在这方面都有详尽的记载和深入的研究。

我们回到蛋糕的话题。

很多欧洲的文化习俗是通过商贸和传教进入越南的。例如咖啡树来源于非洲埃塞俄比亚，被葡萄牙传教士带到越南广平种植。传教士们是否也把蛋糕带来越南了呢？

过去河内的儿歌说，蛋糕是黑人做的。过去河内人口中的"黑人"是指非洲人和印度人。半个世纪以前，就有印度侨民在河内生活。但没有证据表明蛋糕是印度人或非洲人带来的。

我认为，蛋糕一定由法国人传入越南，因此越南语中才用刚刚所说的"ga tô"特指欧式糕点。那时候，法国人还带来了保质期很长的罐装饼干。那时的饼干像现在的蛋糕一样松软，但在河内并不普及。以前，蛋糕只出现在富人权贵家庭的餐桌上。

欧式蛋糕在越南人生活中的渗透与变迁?

我是土生土长的河内人，长大后走遍了越南的城市和乡村。尽管我不敢说了解南方蛋糕的历史，但对包括河内在内的北方地区，我还是略知一二的。

据我所知，1954 年之前，蛋糕和其他甜味糕点已经出现在河内了，只不过普及程度有限。以我家为例，一个河内普通公务员家庭，我一年到头最多只吃一两次饼干而已。现在随处可见的生日蛋糕、结婚蛋糕，在过去都不多见。

20 世纪五六十年代，因为经济建设的需要，全民勒紧裤腰带过日子，食物十分匮乏。制作蛋糕的两样基本原料——糖和面粉都可以看作是奢侈品，市场上买不到。那时候，不少神通广大的妇女同志发挥她们"贤内助"的能力，发明了用粳米粉、糯米粉和其他越南原料制作的各种蛋糕。甚至还有用木薯粉做的面包，也算好吃，就是有股酸酸的味道。

战争时期，越南通过多种途径获得了物资援助，其中一样必不可少的就是面粉。那时候，城里人吃的主要粮食是面粉，其他薯类作物磨出的粉叫作"有色面"。有胃病的人和享受特殊待遇的人可以将有色面替换成糯米。那时候，作为欧洲人主食的面粉代替大米成了越南人的主要口粮。人们用面粉做面条、包子、面包。如果赶上疏散撤离，最简单的加工方式就是水煮面坨，这种面坨容易发霉、有异味，难以下咽，我们开玩笑称其为"焖盖"。那个时期虽然有面粉，但糖是高级的稀缺品。正是因为缺糖，蛋糕才没能在北方发展起来。

　　配给制时期，物资匮乏、生活困苦，但河内和其他一些地方的人仍然努力想尽办法改善生活。20世纪70年代，每逢春节或家中办喜事，人们总会攒下来几斤面票和糖票，用来买做糕点的原料。当时流行的是毛毛虫饼干和威化饼干。人们带上面粉、鸡蛋、鸭蛋、糖、猪油或牛油去糕点店加工糕点。必须一大清早就去，不然要排很长时间的队，有时候做一千克糕点甚至要等一整天，如果赶上节日和嫁娶旺季，等待的时间更长。店主先为客人带来的原料称重，然后借给客人一个铝盆和一个铁丝编的手动打蛋器。客人把鸡蛋和糖放进盆里，坐在店里开始打，打得手都麻了，直到把鸡蛋打起泡，才排队把鸡蛋和其他原料交给店主。从这一刻开始，剩下的工序都交由店主完成。和面是个力气活，店主指挥从农村雇来的壮汉在面粉里加入鸡蛋，再掺上些牛油或猪油、糖、泡打粉，然后和面、揉面，倒进做威化饼干的方形模具里，或是用机器把面压制成毛毛虫的形状，定型以后再放进烤箱。出炉后倒进箩筐里，让客人各自认领。糕点要凉一凉后才能装进塑料袋里带回家，不然容易受潮。客人只需向店主支付加工费。这种客人和店主共同制作糕点的形式可能会在越南饮食文化中消失了，但对很多河内人来说，那是艰苦时期的难忘回忆。

　　越南经济越来越好，人们对糕点的要求也越来越高。生日蛋糕、结婚蛋糕已经变成城里人的风尚。那时候，越南还没有糕点生产线，也没有现代化的机器烘烤设备，有手艺的人就开个店，负责加工生日蛋糕。客人可以自带原料来，或直接订货并约定好取货时间。我记得，那时阮秉谦街上有一

小小的米皮，历经世代更迭与岁月洗礼，被越南人制作成各种美食，用以服务不同阶层的人，上至宫廷盛宴，下至日常简餐，都少不了米皮的身影。

家很有名的糕点加工店，就开在杜庭笛教授的别墅里。那时候，学一门手艺养家糊口是河内人梦寐以求的事。

也正是在那个年代，河内许多国营饮品店里也开始出售奶油蛋糕和蛋卷糕。蛋卷糕也叫玛德莲蛋糕，像是把一个摊鸡蛋饼卷成贝壳的样子，非常松软。不少咖啡馆如今依然有玛德莲蛋糕出售，当然口味与过去有着天壤之别。

革新开放以后，除了那些手工和半手工的生产方式，还有很多单位投资引进现代化流水线生产糕点。

如今在越南，无论是在城市还是乡村，大街小巷到处都可以买到蛋糕了。越南人对这种西式糕点不再陌生。蛋糕成为见证市场经济快速发展、东西方文化快速融合的商品。

河内面包与西贡面包

"刚出炉的香脆西式面包！"从小和母亲去菜市场，我都能听到这样的叫卖声。卖面包的青年头顶篮子，篮子里面放着保温用的麻布（麻布是用装米的麻袋做的，保温效果很好），麻布里的面包又热又脆，比手略长些。取出来的面包趁热咬一口，脆脆的，越嚼越能尝出面粉的香甜。

那时在河内，面包是给小孩最好的早餐。有时母亲会给我买一碗市场里的三婆稻谷糯米饭，有时是一个香脆的西式面包。这面包直接吃就很香了。要是在家里，母亲会给我倒一碟雀巢牌甜炼乳。我吃到最后一口时，会用面包把碟子里的炼乳都抹干净。

有一回我问母亲："为什么叫它西式面包呢？"母亲笑着说："它既不是粽子，也不是糍粑、年糕，而是西方人带来的面包嘛！"

香脆的西式面包是由法国人带到越南来的，后来，在河内以及其他大城市越来越普及。

过去，西式面包是只有城里人才买得到的奢侈商品，乡下人哪吃得到面包。直到后来，面粉成为配给时期北方人的补充物资，每次河内城里有人要被疏散到北越山区或是回乡下，就用粮票排队买面包，送给乡亲们作礼物，或者跟他们换些大米。那时，面包对乡下人来说很珍贵。我记得买一个面包还要附一张 250 克的粮票，那时候买粮食要有粮本或粮票。有钱没粮本或粮票，也没法进饭馆和商店吃饭、买东西。

升入小学后，我在喇叭行街小学（后来改名叫光中小学）上学。每天早上，母亲都给我几角钱买早餐。我通常买糯米饭、煎肉粽，偶尔也换换口味，买肉酱面包、香肠面包、火腿面包。卖面包的小伙子坐在一个原本用来装铁罐牛奶的木箱旁，箱子上还印着雀巢的商标。木箱盖子被巧妙地改造为可以拉开三分之二，成为一块用作切火腿、香肠的砧板，而面包就捂在箱子里，又热又脆。小伙子拿出一个热面包，用小刀娴熟地把香肠切成薄薄的三片，整齐地放在面包里，撒上少许胡椒盐，然后利落地用报纸包起来，递给客人。客人亦可以选择肉酱或者火腿。这种面包吃完饿得快，不如吃糯米饭顶饱，但实在美味。

到我上初中的时候，校门外的面包店出新口味了，增加了肥肉、叉烧肉，配上几片黄瓜，再淋上辣椒酱和鱼露。这种"什锦"口味的面包是 1975 年左右才在河内被创造出来，但是这种"改进"亦止步于此，与当时的西贡等南方省市相比，河内面包的"内容"丰富程度要逊色不少。

20 世纪 80 年代，入夜后，古老的银行街空空荡荡，我常常见到在昏黄的路灯下有一对盲人夫妇，推车叫卖面包。妇人一边推着车，一边挽着丈夫慢慢走。男人手里拿着喇叭，用沙哑的嗓音吆喝："卖法棍了！卖法棍了！比'本田1969'还香，比CD机声音还清脆！"

那正是本田摩托车风靡的年代。本田1969款摩托车发动机声音非常柔和，深受大众喜爱；而那时的CD机播放的声音非常清脆。

那是经济好转的时期，河内的面包房越来越多。取消了粮票，河内人的饮食变得奢侈起来。面包店烤出的面包种类愈加丰富，夜里也有人卖半米长的法棍。听说巴黎人早上上班时都要在面包店门口排队买这种长法棍面包，法棍面包可以称为法国的美食之魂。听说每隔几年，法国就要举办法棍大赛，获奖者将有幸为法兰西共和国的元首制作面包！

那时候，河内人已经接受欧洲的饮食文化，并开始发展新的饮食方式，其中就包括法棍。这种面包和后来的西贡面包无关。我只是想提醒大家，不要忘记河内人过去有关饮食的故事。

十多年来，由于自己贪吃的嘴巴和对越南美食文化的好奇心，除了读书查资料、遍吃四方、学习烹饪，我还结识了很多国内外的美食老饕。我常跟朋友开玩笑说，我多了一个"美食中介"的职业，专门带人出去吃饭、聊天，介绍越南饮食，同时也了解了不少国内外的饮食习俗。其中很多外国朋友说希望品尝一下越南面包，特别是西贡面包。

我起初感到惊讶，为何来到越南不品尝本地的那些珍馐美味，而是要吃越南人曾称为"西式面包"的东西呢？他们点名要吃的西贡面包或是越南面包究竟为何物？是谁创造了这种面包，它又是如何变为"纯越式"美食的？

在这里，我就不再对面包的制作方法班门弄斧了，这些可以在报纸上和书本里寻到。我只想聊聊这种面包从何而来，人们如何做到让它享誉四方且备受追捧的。

回首法国殖民时期，与河内在庇护统治下不同，西贡完全处于殖民统治区。法国人将自己的文化和生活方式带到殖民地，因此，甚至殖民地的饮食习惯都被深深烙上了法国文化的印记。

正因如此，面包、西餐、咖啡、香烟这些东西在西贡比在其他地方更普及。直到1975年，西贡的面包种类依然比其他地方的更丰富。西贡当时有很多知名的面包店，满足了当地人多样化的饮食需求。

西贡面包正是越南本土的长期饮食方式与法国的欧式面包这一独特食品相融合的变体，就像在法国的画布上渲染了越南民间的色彩。现在市面上种类丰富的西贡面包就是这奇妙融合的证明：烧卖面包、肉松面包、沙丁鱼面包、肉酱面包、红烧牛肉面包……

最后，我想探讨一下越南面包和西贡面包为何风靡全球，成为越南的特色美食。我认为，首先当然是因为美味，它们具有越南饮食的灵魂，充分展现了融合艺术的精妙，完美协调了各类食材和多种风味，将特色蔬菜、鱼、肉、蛋、奶完美结合。面包中间夹着配菜，非常符合越南人的口味，味道丰富，但不浮夸，同时富含营养，维生素含量高；制作过程生动、讲究；关注着每一位顾客的不同喜好。厨师制作时注重面包的热、脆、鲜以及食客咬下每一口的感受，懂得让食客尝到面包与馅料融合的独特口感。

其次，越南面包和西贡面包也是符合现代理念的食品，它们的各种原料都有益健康，不会造成肥胖和糖尿病，因此颇受欧美等国际游客的欢迎。

最后，这大概也代表着越南人的盛情。成千上万的越南俊男美女每天都向全世界展示着越南面包、西贡面包这些特色食品。

从黄油罐到黄油

我记得小时候，父母整天都要工作，母亲还要负责烧水做饭等家务事，所以她会给我们兄弟姐妹几人分工布置任务。我负责淘米、劈柴，弟弟妹妹们择菜、洗碗……母亲每天早上出门去红河浮桥交通岗执勤前，都要叮嘱我每天煮饭的量，因为每天都不一样。"今天舀两罐米，再加几把现成的麦粒，混在米里一起蒸饭""容伯伯今天中午来家里吃饭，你像平时一样舀两罐米，再多加一勺""你去舀三罐米然后排队换成米线，下午妈妈去买几两烤肉，晚餐咱们改善伙食，很长时间没有吃肉了……"我听完后就照着做，打开没剩多少米的米桶，用磨得锃亮的黄油罐，按照母亲吩咐的量盛出米……

用来舀米的那个黄油罐什么时候开始用的，我不记得了，只知道从小到大，它一直都在家里的米桶中。

有一天，我好奇地问父亲："爸爸，为什么管那个铁皮小罐子叫黄油罐呢？"父亲于是从他的旧工具箱中找出一个盛放螺丝的铁盒，这个铁盒跟家里舀米的罐子一模一样。父亲解释说："这是外国兵用来装黄油的盒子，他们带来河内，吃完里面的东西就扔了。我捡了两个回来用，一个拿来舀米，另一个拿来装螺丝。"父亲还说，之所以用它来舀米，是因为市场里不少卖东西的人会用它作为称量的标准。

法国兵过去用来装黄油的盒子，在法语中叫"beurre"，读起来与越南语中的"bơ"相近。为了更好地了解黄油罐（ông bơ）这个词，我查了字典，其中解释："管子（ông）是一种柱状体，中空，略长。"从形状上来看，盛黄油的盒子与管子不太一样，为什么叫"黄油罐"呢？我不明所以，继续问父亲，他想了一会儿让我再查查字典。原来，越南人用来盛放东西、称量东西的器皿有好几种。"cóng"是一种柱形瓦制盛器，口宽有盖，身略鼓胀，底凸起。"lon"是一种柱形金属制盛器，或指小扩口杯、瓦制小盆。

父亲恍然大悟说，"ông"是人们将"cóng"字读混了，因为有些地方的人把装牛奶的盒子叫作"牛奶罐"（cóng bò）。不知道父亲的说法对不对，但将牛奶罐称作"lon sữa"也一定有它的道理。

算了，这些问题还是留给语言学家解决吧。

过去市场里的货主称量米、玉米、豆子的器具通常是斗或缸子，如今又多了一样——黄油罐。也对，几乎家家都用它来盛米嘛。

人们称量粮食一般有两种方式。一种是一下舀满到冒尖，直到不再溢出，叫作"溢舀"；另一种是舀完用刮子刮平，叫作"平舀"。不少爱占便宜的人，称量的时候自己亲自动手，尽量将米舀得满到冒尖，还不停地溢出来，等到算钱的时候又不住地讨价还价，将价格尽量压到最低。

后来这种装黄油的盒子好像越来越少见了，又出现了另一种用来装炼奶的铁盒。这种炼奶盒慢慢地再次成为市场上称量货品的常用之物，在山区常能听到人们在买卖中说一奶罐豆子多少钱、一奶罐茶多少钱。再后来，本来跟黄油没什么关系的这种装炼奶的铁盒，和装黄油的盒子有了一个统称——黄油罐。

小时候，我们这些小孩子喜欢学大人的样子。看到母亲熬粥煮饭，我们也想试一试自己能不能做。先找一个黄油罐，捡几根枯树枝，再偷偷从家里捏几撮米，跑到路口用三块砖头搭个小灶，然后把各自带的米放在同一口锅里……虽然煮出来的东西饭不像饭，粥不像粥，但无比快乐。

本以为这种用黄油罐煮饭的做法只是小孩子的玩法罢了，哪知大人也有用到的时候。记得有一次，著名音乐家文高夫妇来看望我的岳父，我在一旁侍候他们饮酒。他们一起回忆起在富寿抗法时候的事，如何艰苦、饥寒交迫等种种过往。其中说到，一次文高老人同我岳父不知从哪里找到一些绿豆和红糖，于是放在黄油罐里，然后从山林中住的棚子顶上抽出几条破竹叶，点着火熬了一锅热乎乎的绿豆沙，在冬季北越寒冷的山林里，边吃边谈文论道，指点时局。

两位老人谈论的故事好像就发生在昨天，但转眼间，老人们都已经去世十九年了。

河内人何时吃起西餐？

若论饮食文化变迁程度之深，或许越南没有哪个地方能与河内相比。其变迁程度之深体现在烹饪方式中，以及对其他饮食艺术精华的吸纳、创新和扩展等方面。

如果对比法国饮食文化对河内与西贡的影响，就会发现河内所受到的影响似乎没有西贡受到的大。

过去，西贡人习惯喝咖啡和冰水，吃面包和其他西方食物，而河内人接纳这些外来食物总要晚一步。

直到1954年前，我发现几乎所有河内人都依然以吃本土菜为主。只有那些西方留学归来的高级公务员或为法国人工作的官员才有机会吃西餐。普通小康人家做饭仍然按照越南习惯，杀猪宰牛、烹鸡煮鸭，做纯正的越南菜。老人们偶尔会相约去古街里的酒楼里吃顿中国菜。

通过石岚、武邦、阮遵以及短篇小说家阮公欢、吴必素等20世纪才华横溢的"美食家"们所留下的文字，我们可以了解到，尽管河内被法国殖民统治了一百多年，但河内人依然保留并传承着自己民族的饮食文化。也可能正是因为这种"保

守"，才使得越南饮食文化中很多具有民族特色的食物和食用
方式得以保留至今。

并非说河内人鄙视西方人的饮食方式，像秀昌在诗歌《儒
字》里就写过："但使谋差总督府，晨饮牛奶暮香槟。"

那些才华横溢的河内主妇和厨师们从不轻视来自西方的
食材，相反，他们不仅把来自西方，还把来自中国、印度、
日本、韩国的各类食材巧妙地融入河内菜品中，使河内饮食
更加丰富多彩。

如今谈及河内人的年夜饭，都会提到猪皮汤、凉拌甘蓝
和胡萝卜丝。不了解传统菜肴原料出处的人会以为这是纯粹
的越南菜，但实际上，这几道菜里的甘蓝、胡萝卜、西蓝花、
荷兰豆以及各类香菜、花生都是在不同时期从其他国家传入
河内的。其中西蓝花、胡萝卜、甘蓝、荷兰豆等都是 20 世纪
北宁蔬菜农场诞生后，才出现在北方的。

黄牛肉过去只出现在大宴席上，直到法国人到来，才被带
入寻常河内百姓的餐桌。倘若河内人抵制黄牛肉，那何以出
现风靡全世界的河内牛肉河粉呢？根据专家陶雄的说法："西
方人尤其爱吃黄牛肉，而越南人只在特殊场合，比如过节时，
才吃牛肉（过去以水牛肉为主），平日里很少宰牛拿到市场上
卖。因为向法国人供应牛肉的只有一家专门的承包商，所以
他垄断了市场，买方别无他选。"

1885 年 8 月 15 日，《北圻未来》报纸上刊登出一则通告：
"河内的法国人要求开设一间牛肉店、一间法式洗熨店、一间
裁缝店、一间修鞋店，同时要在咖啡馆中摆置台球桌。"出于

对竞争的畏惧，那家负责向军队供应牛肉的供应商十分气愤，老板阿尔伯特·比卢向编辑部寄来一封"意味深长"的信："您简直是在说胡话，竟然要求开一家牛肉店。从今往后，你找你的肉店去买牛肉吧。要么您就向我道歉，要么您就没牛肉，也不用再向我订货了。"然而几个月以后，一家私人的牛肉店铺在托盘行街开张了，报社老板又照旧吃上了牛肉。

法国人还带来了越南人很少食用的其他肉类，比如家养兔肉。之后黄油、牛奶、奶酪、面包、土豆等食物也被引入，并在河内设立了生产工厂。

如今在河内，各类餐厅、小吃店、路边摊如雨后春笋般出现，我们又见识到了很多种类各异的食品。

过去，河内只有一些权贵家里在冬天才吃火锅。1975 年以后，火锅从西贡传入河内。河内人在学习、改良后，使其符合各个阶层人群的口味。如今一到晚上，走在冯兴街、鬼街，或是在河内的一些小街巷，你都能发现火锅的种类数不胜数、千变万化，有嫩牛火锅、牛腩火锅、牛杂火锅、什锦火锅、酸鸭肉火锅……

河蟹、田螺、青蛙、小虾米，甚至蝗虫、臭虫、蝎子……这些曾经是乡下人或少数民族吃的东西，在革新以后一跃登上了普通人的餐桌，甚至在高级宴会中都有着一席之地。人们还用其创造出了河内独有的美味佳肴。

试想一下，如今除了河内，还有哪儿能找到用做酸汤田螺的方式烹煮的河蟹膏酸汤牛肉和鸡蛋的？除了河内，哪儿还有河蟹膏火锅？更新奇的，比如法云地区（河内）的田螺肉包罗勒叶春卷，这道菜的吃法却借鉴了日本人的饮食习惯——蘸着美乃滋吃。

河内的美食种类繁多，变化莫测，规律难寻，人们对此亦褒贬不一。我不允许自己歧视任何一种饮食艺术的创新，而是努力去欣赏它们，尽量去理解不同的人用自己的智慧和手艺倾注于每种烹饪方式的深意。好的东西自然能流传下来，不好的东西也任它消逝。遗憾的是，我们还没有出现美食领域的艺术批评家。

河内人从什么时候开始喝咖啡和啤酒的？

摘录专家陶雄的记录："可能第一个在河内开咖啡馆的人是贝尔夫人，她是 1872 年第一批跟随让·杜普依斯的队伍一起远征到越南，之后决定留下不再回国的人。她的咖啡馆在 1884 年之前开业，到了 1886 年，这里已经成为军官们聚会的地方，从将军到一级军官，只要认为自己是传统的人，每天下午六点，晚餐之前，都要来这里坐坐，这个咖啡馆也由此得名——军官咖啡馆。"

人们聚在咖啡馆里见朋友、打牌、喝饮料，但很少喝冷饮，因为冰块要从海防甚至是香港辗转运抵，无法保证供应。到了 19 世纪 80 年代末，冰块运输变得规律，但在河内售价仍要 10 分钱一千克，而海防只要 7 分钱，西贡要 2 分钱。后来，冰块的零售价降至 6 分钱一千克，尽管供应仍然紧张，但饮品店还是越开越多，直到法国人在河内建了第一家制冰厂。

啤酒的出现要到 1890 年，阿尔弗雷德·霍梅尔先生在河内德帕劳街（即今天的黄花探街）建立了第一家啤酒厂。

回到关于河内人加工、烹饪的话题，我曾多次表达过我的看法："就像画家用画笔和颜料创作的具有价值的作品一样，古往今来，河内的美食匠人同样是才华横溢的艺术家，他们从不拒绝任何来自世界各地的原材料，而是将其与河内最有代表性的本地食材相结合，创造出了很多世界上独一无二的佳肴，其文化价值绝不亚于世界其他的任何一种美食文化。"

河内的俄式饮食

　　谈论起越南人的饮食艺术，许多人认为我们的饮食方式，除了那些纯越式的，还包括越南与中国、法国等饮食文化的融合。实际上，我们越南人不否认其他民族的文化价值。正是因为越南文化特色中的包容性，越南人不但不拒绝，而且随时接受中国以及法国的饮食艺术，它们都是人类饮食文化的精华。

　　法国殖民地文化存在于越南的百年历史里，法国饮食文化亦对越南人产生了一定影响，并留下了深刻的印记。

　　从 20 世纪下半叶开始，俄式饮食也对越南的饮食文化产生了一定的影响。

　　实际上，俄式饮食较少出现在河内或者越南其他地区的餐桌上，即便有也只是那几种，什么俄式沙拉、伏特加，有时在一些高级餐厅中可能还有黑鱼子酱、俄式腌鱼。俄式餐厅在河内和越南其他城市的数量也是屈指可数。

　　为何如此？

　　首先可能是因为越南与俄罗斯两个国家之间存在着地理

位置上和饮食文化上的阻碍。俄罗斯地处遥远寒冷的温带、寒带，以小麦作为主食。肉、奶、鱼也是俄罗斯人常见的食物。越南人则生活在中热带、亚热带地区，属于水稻文明区域，以大米作为主要粮食，以蔬菜和鱼类作为主要食物，而牛奶不是越南人的传统食品。两种生态体系间的巨大差异导致两个民族在饮食文化上存在明显的差异。有人会问，为什么地处欧洲这么遥远的法国仍然可以对越南人的饮食产生影响？要知道，法国南部有些地区气候炎热，与越南差别不大。许多生活在越南的法国人本是法国南部炎热地带的人，因此很容易适应越南的饮食。很多长期在越南生活的西方人能吃鱼露、虾酱，就像个地道的越南人一样。同时，法式面包、肉酱、奶酪、红酒、咖啡以及其他饮食很容易就传入越南公职人员等中产阶层，以及部分法属领地军队士兵的生活之中。

几十年来，生活在越南的俄罗斯人并不多，并且他们通常都集中住在单独的区域。虽然越南有很多人去俄罗斯留学、出差、务工，但与在其他国家一样，在国外生活的越南人常常要保持着共同生活的习惯，而这一生活习惯最重要的表现就是每逢年节都要聚在一起做越南菜，聊聊家乡的事。也许正因为如此，在俄罗斯的越南人回国后也很少将俄式菜肴传带家乡的亲朋好友。此外，在越南也不好找烹饪俄餐的原料。

至今，似乎还没有什么人关注与发现越俄、俄越饮食文化中的交流，我希望在这方面能有更深入地研究，以大力促进两个民族间的饮食文化交流。这篇文章中，我仅再次回顾一些几十年前的记忆。

那时，大米总是很稀缺，越南要集中粮食优先供给战斗中的军民。正是在这样的背景下，苏联面粉成为重要的援助物资，帮助我们度过了艰苦的岁月。

在法属时期，面粉和面包属于奢侈品，很少出现在越南的农村和城市中。北方农村人的饭里会掺杂着玉米、红薯、木薯。那个时期，面粉和面包主要供应给法国人和一小部分市民。那时的面包被当作早餐，抑或仅出现在一部分富人和城市中层阶级家庭的餐桌上。

抗美时期，大量的苏联面粉被作为援助物资运到越南。它们被制成配给商品用来作为平民和部队的补充口粮，需凭票购买。刚开始时，集体食堂的厨师只会煮米饭，制作面食毫无经验可言。他们将面粉揉成面团，再放到食堂的大铁锅中煮熟。食堂的大锅既可以蒸饭，又可以做汤，还能煮面饼。打饭的时候，每个人除了盛一碗饭，还可以加一块面饼和一碗稀汤寡水——漂着几滴油花和咸花生的空心菜汤。那块面饼被人戏称为"井盖饼"，因为它的形状就像一个水泥下水井盖，还有人管它叫"打死狗饼"，因为它实在是太硬了，跟石头一样。但是对正处于饥饿中的人来说，有饼吃已经很好了，就算再难吃也要想办法咽下去。有人将面粉加水揉成柔软的面团，用玻璃瓶子在铝托盘或是木桌上擀薄，切成条，与蔬菜一起煮，撒一些味精，熬成容易下咽的稠面汤将就着吃。后来，人们改进了一些，用压面机制作面条。那时有专门制作面条的合作社，可以凭票购买面条。有些家庭或厨师，把面条同米饭放在一口锅里蒸，在很长一段时间里，人们都是吃着这样一碗连饭带面、黑乎乎的食物度过。

连大米都短缺，肉和鱼在那个年代当然也属于奢侈品。有一些实验室从面粉中提取蛋白质做成素扎肉，据说这一研究是成功的，但却从未在市场上看见这类产品。还有一些实验室研制发酵菌等物质，便于厨师制作包子。但因对发酵菌的保存不善和发酵技术不熟练，做出的包子、馒头常常不成功，不是太黏就是太酸，有时还散发出浓重的氨气酸臭味，让人难以下咽。

后来，在苏联的援助下，河内出现了一家俄式面包店。出售的面包看起来很厚实，表皮光滑，吃起来也不像法式面包那样酥脆，所以一开始并未受到偏爱法式面包的城里人的青睐。

那时的河内，如果哪家要举办婚礼或是赶上春节，人们往往要存一些面票和糖票，好买面、买糖拿到加工店制作饼干。

苏联面粉渗入越南人的生活并随着越南人的摸索、创造不断变化，逐渐适应着这上千年的饮食传统。起初人们觉得难吃，但随着不断改进以适应越南人的口味，最后人们也吃习惯了。

革新开放后，掺面的饭忽然间就消失了，而今只残存在老人的记忆中。如今的面粉、面包、各式高级而又丰富的甜点、面条、方便面口味齐全、品种多样，无论是在农村还是城市，无论是在山区还是海岛，都已成为很普遍的食品。有些越南大公司就在俄罗斯的首都开设了越南品牌的方便面生产、销售、代理公司，生意很是不错。

　　生活变化快得让人目眩，现在的中青年一代几乎没人知道"井盖饼"、掺面饭、俄式面包以及那些父辈经历过的艰难岁月了。

　　越南有句话："饥时一口饭，胜过饱时一袋米。"还有人能记起那时的"井盖饼"、掺面饭、俄式面包吗？

河内的稻作文化与历史

　　谈到饮食，不管在哪里，人们都要谈论那里独特的物产。你可以在河内高级餐厅食用到按照河内人的方式烹制的产自河内以外的食物，但不会有人认为这是河内的美食。河内真正的饮食包含两个要素：一是原料要产自河内，与其他地区要有区别；二是烹制手法要源自河内，其他地区没有。尽管原料和烹饪方式也可以由其他地区传入，但要经过河内人的创造，赋予其独特的河内印记，才能成为河内的特产。

　　我们还不具备深入研究这个问题的条件，仅仅通过查找资料提出一些初步认识。

　　论及越南饮食和河内饮食，我们不能不提到稻作文明的形成及由此发展出来的饮食文化。稻米是自古以来越南人的主要粮食，直至今日，甚至绵延至后世，稻米仍是越南饮食、河内饮食文化的根。

　　河内地处红河平原中心位置，这里很早以前就种植过许多不同品种的水稻。河内迷灵县城晏城遗址考古发掘过程中出土的 3000 多年前的稻谷粒曾令越南考古界雀跃不已。这 3000

多年前的稻谷粒是否还能发芽的问题就留给各学科的科学家去解决，但包括粳米和糯米在内的稻米在升龙这片土地上耕种了上千年，这件事是有确凿的事实依据了。但无论是否发现古稻粒，人们必须承认越南很早以前就是水稻农业形成和发展的中心，而河内是越南历史悠久的产稻中心。

提及河内的水稻，我们不能不提有着千年历史的升龙著名的美池村产稻区。

美池也被称为传统产业之乡，代表产品有扁米糕、米线等。这里耕种、产出各类优质稻米，例如誉米、八号香米、穗稻、美池八号稻等，都是北部的名产。

可以说，河内人用大米创造出极具河内特色且确属本地品性的饮食。我们在这里可以列举几种来源明确的食品，例如望村扁米、富都米线。

扁　米

望村扁米虽是一种具有乡土气息的民间小吃，但入秋时节的扁米不缺红河流域中河内人身上的那份高雅气质。

最美味的扁米产于仲秋时分（阴历八月），这时的稻米集天地之精华，散发出谷物的香甜，吃过一次便让人终生难忘。

扁米饼的制作工艺相当复杂，且有独特的方法。制作扁米饼的稻米要选用金花糯米。收割前十天左右，当稻子抽穗，稻穗发红发黄时，正是人们挑选饱满稻粒制作扁米饼的时候。要想扁米饼好吃，收割的时机至关重要。稻子收割回来绝对不能用搓和打的方式脱粒，必须用手捋下金黄色的稻粒。稻子太老，扁米不够绿，硬且易断碎；稻子太嫩，米粒与米麸皮粘连，不成型，不香。通常情况下，稻子收割当天就要拿去烘干和舂碎，进一步制作成扁米饼。

烘干稻米是制作扁米饼中最辛苦的一道工序。烘干时要精准掌握火候，米粒才能熟得恰到好处，不脆，易脱壳。

将烘干的米倒入石臼，用杵轻轻地舂，节奏要又快又均匀，这样扁米才能足够绿、细腻、有弹性。舂一阵后，要将麸皮筛掉，然后接着舂，如此反复直至将麸皮筛净。一切完成后，将扁米包在荷叶中，这样才可以保证其不被风干，而且还能吸收荷叶的清香。

每批扁米饼做好后要分成不同的种类，例如罗望子叶扁米（也叫头茬扁米）、斟酒扁米、木扁米和普通嫩扁米。罗望子叶扁米是指在最后一轮舂米筛麸时，嫩、糯、轻、薄的麸皮像罗望子叶一样飞出，这时做出的扁米数量最少，只能留给家里最尊贵的人品尝。

排在第二位的是产量稍微多一些的斟酒扁米。这是指那些舂后糯米粒自然凝结在一起形成玉米粒或豆粒大小的米块，每批也只能产出五分之一甚至更少，特别是到了季末，更加稀缺。

石臼里还剩下的就是木扁米了。木扁米不好看，不够绿，因此人们一般要加入捣碎的青秧和水与扁米一同捣烂，让扁米能够呈现出湛青碧绿的颜色。

普通扁米一般与熟芭蕉或熟柿子这两种秋天的应季水果

一同食用，或是配上一杯浓酽的太原茶。扁米要细品，仔细咀嚼才能完全感受嫩稻米的甜腻、香醇、筋道，以及荷叶雅致的幽香。

如果扁米是河内这片土地上的代表性食品，那么望村（今属河内纸桥郡易旺乡）就是这种民间特产的摇篮。望村扁米也称为望扁米，一直以来以美味闻名，其外观呈柔和的绿色，晶莹剔透，口感软糯而有韧劲，自带的特殊香味只有当你品尝之后才能真切体会，世间难得。用扁米人们可以加工出各类糕点、甜品、烤饼、炒米……

米线的由来及历史

河内有一些有名气的米线之乡，例如富都米线（慈廉郡）、四圻米线（黄梅郡）、古罗米线（东英）。我曾有机会了解富都米线之乡的悠久历史。至今，富都乡民仍然会每年组织集会，朝拜黎朝时期的两位女性米线手艺祖师。

无人知道米线的由来。我只知道自打出生那天起就有米线了。后来，由于开始涉足饮食文化研究，我对米线的由来感到好奇，它是如何被制成的，能否作为越南的"国粹"呢？

我满怀好奇地向几位汉喃研究院教授请教，得到的答案是："米线"（bún）这个词只使用于越南的字喃 ① 中，汉语里是

---

① 编者注：字喃是越南为了书写越南语而借用的汉字和仿照汉字形式创造的文字；在越南语里定语放在中心语之后，所以"字喃"就是"喃字"，意为通俗易懂的字。《辞海》（第七版）

从青池地区法云村著名的民间美食田螺米线、酸汤米线，到烤肉米线、春卷米线，再到什锦米线、烤鱼米线等，都是老饕们在河内不可错过的特色美食。

没有的。汉字只有"饼"（bánh）、"粉"（bôt）这些词，没有"米线"（bún）这个词。

在以粳米为原料加工的食品中，除了大米饭，米线是越南人饮食中最常见的米制食品。米线全年都能吃，四季皆宜。米线既可以出现在日常饮食中，也可以登上佳节盛宴。人们有时用米线蘸虾酱，有时吱溜吱溜吃一碗酸汤米线，既可以在街边来一碗田螺米线，也可以正襟危坐，在一桌高级宴席上，围着铜托盘品尝什锦米线、海蟹春卷米线或烤鱼米线……无论穷人还是富人，都能吃到米线。

虽然最初的食材是米线，但人们将其演变出千万种食用方式。汤米线有酸汤蟹米线、田螺米线、笋汤米线、鸭肉汤米线……干拌米线有虾酱炸豆腐米线、烤肉米线、春卷米线、南部牛肉米线……每种米线都各具风味。

由南至北，人们能够看到很多不同的米线美食，特别是在中部地区，还有用玉米制作的米线、用豆子制作的米线，以及用灰水浸泡的大米制作的米线，真是千变万化。

用来制作米线的稻米是粳米而非黏米。粳米出产于热带地区，而不是寒冷的北方。

越南米线的制作工艺与制作面条的工艺不同，米线在制作时需要将米发酵一段时间，而面条是不需要的。

许多制作米线的工具只存在于越南，例如用于过滤米粉的一种粗布筛，或是一种竹制的笊篱，其作用是将开水中浮起的米线捞起……甚至连民间各种不同米线的名称也都是使用纯越语词，例如锄头米线、木莲米线、叶子米线、木偶米线……这还未算上那些明确记录了米线行业祖师的牌位和祭祀活动，以及从古至今每年都会举办的米线制作大赛等。

如果统计一下就会发现，越南米线的种类超过百种，世界上哪里还有品种如此之多的米线呢！

米线的故事还很长。

如今越南各地都有米线，但是河内米线有明确的发源和演变过程。从青池地区法云村著名的民间美食田螺米线、酸汤米线，到烤肉米线、春卷米线，再到什锦米线、烤鱼米线等，都是老饕们在河内不可错过的特色美食。试问如果没有米线，哪来这些特色美食？如果在享用河内什锦米线、河内烤肉米线、河内春卷米线、河内吕望烤鱼这些美食的时候缺少了米线，还怎么能称之为河内美食呢？

同样是用稻米，河内人还创造了各式各样的特色饮食，例如青池卷筒粉、担子馆街糍粑、约礼粽子、相梅玉米糯米饭……如果没有稻米，哪有米纸来制作河内炸春卷，哪有粉皮来制作河内河粉？

利用河内的稻米，河内人还制作了很多独特的年糕、河内才有的名酒，还有很多特色的饮食，这里无法一一列举。但有一点可以肯定的是：河内有自己特有的稻种。河内千年以前就已经是稻米生产和交流的中心，这里也形成并发展了很多特色美食，创造了独特的饮食文化风格，而这种风格不仅成为河内的代表，甚至已经成为越南的代表。

河内青菜的栽培历史

　　如果肯下功夫查找古籍，我们就能在嵇含的《南方草木状》中得知，古时候越南人食用的青菜种类非常有限。在日常饮食中，除了那些生长在村寨周边的野菜，似乎只有空心菜最为普遍。古时的香菜也只有叻沙叶、苏子叶、紫苏等有限的几种。现在出现在河内的品种丰富的香菜都是从世界各地引进越南的，在河内人的精心培植驯化下，产生了只有河内才有的独特香菜种类。

　　史书记载，在 12 世纪的李神宗朝，曾有徐道幸为皇帝治病并修建廊寺（招善寺）的故事。而在廊寺院中，如今仍保留着一块区域用于种植廊寺罗勒，这是一种著名的河内香菜，这里还种有很多河内特有的香菜。

　　传说为了给皇帝治病，徐道幸将多种来源于印度、中东、地中海的草本植物引入越南种植，这些植物性烈、滋补，可以入药。后来，河内人将这些植物作为食物，逐渐演变成香菜。在市场里售卖草药的摊位上，我们能够看到很多既能入药又能作为日常食物的草本植物。说它们是草药、民族药，但其实不少都是外来引入的植物。

河内历史记载，廊村旧时是种植大蒜的蒜园坊。1362 年，陈誉宗曾指示开垦苏历河北岸土地种植葱蒜。那时的大蒜从远方引入，作为药物种植，之后演变为河内乃至越南饮食中不可或缺的一味调料。

在河内，各类温带地区的青菜直至 19 纪初才被河内人认识并种植。陈永宝在 1984 年版的《北宁西方菜种历史》中记载："西方蔬菜（指从法国进口的蔬菜种类）1900 年开始种植，在北宁周边地区和武将县毫庭村（瑞村）的答求地区种植最多，每年出产上百吨西方蔬菜销售至河内和谅山。1912 年，有 200 户瑞村农户种植西方蔬菜，一些农户甚至从法国批发菜种销售。这些西方蔬菜后来逐渐适应北宁、河内地区的土地和气候条件：软苤蓝、小白叶苤蓝、白菜花、四季菜花、高棵平头卷心菜、少叶大棵卷心菜、无心胡萝卜、高棵蒜头、生菜……"（引自 1994 年农业出版社出版的《越南农业历史》一书）

仅上述的记录就显而易见，在这片人杰地灵的土地上，河内人生产出了只有河内这个四季分明、水土适宜的地方才有的独特作物，这也是河内饮食文化丰富多彩的原因之一。

关于河内饮食文化发展的思考

首先，说到河内的饮食文化，我们应分为两个问题来讨论：其一是河内人的饮食文化，其二是在河内的饮食文化。如果说河内人的饮食文化，我们所指的实质是历代河内人，包括那些生活在顺化、西贡，甚至在巴黎、纽约，但心中仍自认为是河内人并传承河内文化传统的人，所创造出的一种饮食文化。谈到河内的饮食文化，我们就要考虑到在河内这个地域范围内以及在某个具体时间里的饮食文化现状。例如在河内，人们如何享用街头美食，如何坐在路边摊喝啤酒，国外投资经营的高级餐厅有哪些……这些都曾经并正在出现在河内，它们属于河内的饮食文化，但并非与河内人传统的烹饪手法、惯常特有的饮食方式和只有河内才有的自然物产，有着完全和深刻的联系。

其次，讨论河内人过去与现在的饮食风格，是一个极其广泛多样的主题，从饮食的方式方法到饮食过程中的待人接物，以及饮食的空间、时间，日常还是重要节日里……有人说："从你的饮食方式、言谈举止上，我就知道你是河内人。"或是说：

"从那个姑娘吃东西的动作，我就猜得出她接受的是河内的家庭教育。"我认为这些说法过于夸张，哪能做出精准的判断呢！河内饮食的风格精髓也无法保存得如此完好与持久！也许只是因为对河内具有古典气度的饮食方式太过偏爱，人们才想象出这样精湛的辨别技巧，但不管怎样，很多人还是会常将一句话挂在嘴边："无花香过茉莉，无人高雅盛长安。"

确实，河内人历经千年沧桑，从祖先那里流传、积累下来很多处事接物的精华。这种处事态度体现在招呼、布菜、握筷、持碗，体现在组织宴席、安排座次、接迎宾客、互赠礼品……

唉！客观来说，在现代社会中，这种礼节很多都已经随风飞散了。

如今的河内人相较于过去，在对待吃喝上确实太过潦草，很多饮食的礼节已经消失，在餐馆中很容易看到食客吵闹、杯盘狼藉的场面。

那些在就餐过程中缺乏规矩的行走坐卧等举止行为都不能称为河内人的饮食风格。

20 世纪中期以来河内饮食的沉浮发展

历史的沉浮对饮食文化的影响如何？这是一个很少有人关心和研究的问题。我认为，这也是越南历史研究领域中的一个欠缺。我们的研究过于集中在战争、建国、卫国领域，缺少对文化历史的研究，包括饮食文化历史。了解清楚河内饮食文化的历史发展脉络，我们才能找到保护和发展河内饮食文化的办法。

由于并未在那个年代生活，因此我们无法完全了解河内饮食在 20 世纪的模样，但是，我们可以将饮食历史与河内近现代历史浮沉中的一些标志性时间点结合。

1945 年以前

这是河内饮食开始深入发展的时期，因为随着法国人在殖民地的资本主义统治，河内城市化进程加速。这一时期，越南的市民阶层得到发展，河内形成了具有独特饮食风格的特殊流派。

河内吕望烤鱼在这一时期诞生，成为河内真正自我创造的菜品之一，具有清晰的历史脉络，无可置辩。

也是在这一阶段，河内的很多饮食发展至巅峰，例如河内河粉、河内炸春卷、河内烤肉米线、河内卷筒粉、河内扁米饼……还有很多食物需要我们去发掘和记录。

1946—1954 年

在这一阶段，大多数河内居民由于抗战离开了首都，分散至北越各地，甚至到第三、第四区域以及南部地区。土生土长的河内人带着自己的生活经验和烹饪手法分散至各地。很多河内饮食也因此得以传播至战区和自由区。相反，因战争而四散至各地的河内人也有机会学习到越南各地各具特色的饮食。但是在漫长且艰苦的战争中，绝大多数河内人食不果腹、衣不蔽体，要遵循"三共"的号召，与贫苦百姓"共吃、共住、共做"，所有城市人有任何享受的表现都会被责难。因此，参加战争的河内人没有机会和条件保持那些经年积累下来的饮食文化。

也是在这一时期，一部分河内居民仍生活在河内的占领区。正因为河内那些新老中产阶级居民具备经济和物质条件，同时还保持着河内 1945 年以前的饮食方式，这些饮食文化才得以在占领区的生活方式中保留和发展，甚至融合了其他地区的饮食文化。

1954—1975 年

日内瓦会议之后河内解放，越南暂时分裂。河内人结束抗战并返回故乡，随之很多来自各地的新河内人也加入河内居民的队伍中，包括一些从南方到北方集结的干部和部队军人。这部分人为河内的政治、文化、社会带来了新的活力，也将新的饮食习惯带到河内。

这一时期，一部分土生土长的河内居民移居至南方或是定居国外，这部分人也将 1954 年以前的河内饮食文化带去了各地。

由于战后和社会主义建设初期社会经济条件限制，河内居民的生活要"勒紧裤腰带"来"全力支援抗美前线"。在那个人人都吃不饱的时期，河内人的饮食只能停留在基本维持生活、保证生产与战斗的程度。过去常见的饮食，例如米线、糕点、河内特产小吃都被禁止或限制。饮食水平被限制，缺乏发展土壤，导致许多饮食文化遗产被埋没一时。

1975—1986 年

1975—1986 年，越南处于配给制时期，不仅是河内，越南各地的饮食文化都受到严重的制约，没有条件保持和发展。

1986 年至今

革新开放后，经济水平、生活条件逐渐提高、改善。特别是加入 WTO（世界贸易组织）以后，在市场机制的带动下，河内饮食文化在越南各地人民的生活中渐渐复苏，新的价值得到进一步的发展。

以上提到了越南饮食艺术历史中具有标志性的时间点，

尤其以河内最具代表性。在漫长的半个多世纪里，可以看到受到政治和经济环境的影响，在首都河内这片土地上，河内人的饮食文化历经浮沉，不少都已被历史湮没。

为了复兴和发展河内灿烂的饮食文化，我们必须把那些一度被湮没在历史中的饮食文化价值挖掘出来并加以振兴，这是一条必由之路。

读 行 记

READING AND TRAVELING NOTES

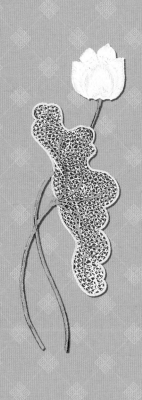